DEUTSCHES HYDROGRAPHISCHES INSTITUT

HAMBURG

JAHRESBERICHT

Nr.13

für das Jahr 1958

HAMBURG 1959

Jahresbericht Nr.13/1958

INHALTSVERZEICHNIS

V O R W O R T

Der vorliegende 13. Jahresbericht des Deutschen Hydrographischen Instituts berichtet für das Kalenderjahr 1958 über die Tätigkeit des Instituts. Kleinere Zusätze, Änderungen und Ergänzungen, die sich bis zum Redaktionsschluß (28. Februar 1959) ergaben, wurden berücksichtigt und meistens in Fußnoten als solche kenntlich gemacht. Der zusammenfassende allgemeine Bericht, Seite 4 und folgende, wird als "Summary" in englischer Sprache auf den Seiten 76 - 81 wiederholt; er enthält eine geraffte Zusammenfassung der Tätigkeit des Instituts, während die Berichte der Fachabteilungen (Kapitel B I - VIII auf den Seiten 15 - 60 den Wünschen derjenigen Leser entgegenkommen, die sich über Einzelheiten zu informieren wünschen.

gez. Dr. G. Böhnecke

Präsident

Hamburg, im Februar 1959

Jahresbericht Nr.13/1958

A. Allgemeiner Bericht

I. DIE ARBEITEN DES DEUTSCHEN HYDROGRAPHISCHEN INSTITUTS IM JAHRE 1958

Mit dem Einzug in den 4. Abschnitt des Gebäudes der Bundesverkehrsbehörden, der während des Jahres 1958 fertiggestellt wurde, konnte das Ziel, die verschiedenen Fachgebiete in einem Hause zusammenzuführen, zum großen Teil erreicht werden. Damit hat auch die äußere Entwicklung des Deutschen Hydrographischen Instituts einen gewissen Abschluß erreicht. Wir hoffen, daß in absehbarer Zeit auch die noch fehlenden Baulichkeiten - die Werkstatt mit dem Schiffsausrüstungslager sowie die Liegeplätze für die Vermessungsschiffe - fertiggestellt bzw. die Einrichtung eines Laboratoriums für die Überwachung atomarer Verseuchung des Meerwassers bewilligt werden.

Es kann weiterhin mit Genugtuung vermerkt werden, daß die Programme für das Internationale Geophysikalische Jahr, an denen das Deutsche Hydrographische Institut auf den Gebieten der astronomischen Längen- und Breitenbestimmung, des Erdmagnetismus und der Ozeanographie beteiligt war, dank der Anspannung aller Kräfte mit Erfolg durchgeführt werden konnten. Die für die nächste Zukunft bestehende Aufgabe der Auswertung der Beobachtungen wird mit Unterstützung der Deutschen Forschungsgemeinschaft gelöst werden können. Es verdient hervorgehoben zu werden, daß die meereskundlichen Arbeiten bei der gegenwärtig geringen Anzahl von Fachwissenschaftlern für dieses Gebiet nur durch engste Zusammenarbeit aller beteiligten Stellen, wie z.B. der Biologischen Anstalt Helgoland, der Deutschen Wissenschaftlichen Kommission für Meeresforschung, des Deutschen Hydrographischen Instituts, des Instituts für Fischereibiologie der Universität Hamburg, des Instituts für Meeresforschung Bremerhaven, des Instituts für Meereskunde der Universität Kiel, gemeistert werden konnten.

Die planmäßige Erneuerung des Seenandbuchwerks wurde mit der Herausgabe von 3 Seehandbüchern in neuer Auflage fortgesetzt. 1958 erschienen das "Nordsee-Handbuch, östlicher Teil" mit einem Beiheft "Radar-Küstenansichten", das "Westindien-Handbuch, I.Teil" und das "Handbuch der Nord- und Westküste Spaniens und der Küste Portugals". Bei 3 weiteren Seehandbüchern konnte mit den Druckarbeiten begonnen werden. 17 Handbücher wurden durch Nachträge und 2 durch Ergänzungen auf den neuesten Stand gebracht. Als Beihefte zu den Seehandbüchern erschienen "Betonnung der deutschen Küstengewässer" und "Winterbetonnung der deutschen Küstengewässer". Die Arbeiten an der Herausgabe des Handbuchs und der Monatskarten für den Indischen Ozean wurden weitergeführt.

Die Auflage der "Nachrichten für Seefahrer" erhöhte sich auf 3 250 Exemplare. Sie enthielten als regelmäßige Beilagen oder bei Bedarf "Deckblätter zum Leuchtfeuerverzeichnis", die "blauen" Listen der Berichtigungen deutscher Seekarten, allgemeine Richtlinien und Einzelanweisungen für das Befahren der nach Minen abgesuchten Wege (Zwangswege), ein Verzeichnis dieser Wege und das Heft "Minengefährdete Gebiete" mit 10 zweifarbigen Übersichtskarten.

Die im Vorjahr herausgegebenen 11 Teile des Leuchtfeuerverzeichnisses (I-IIIA, IIIB- X) wurden nach einjähriger Laufzeit durch Neuauflagen ersetzt. Bei Teil XI (Stiller Ozean, O-Seite) wurde mit den Druckarbeiten begonnen, Teil XII (Europäisches Nordmeer, nördlicher Teil und Nordpolarmeer) wird vorbereitet. Auf Wunsch der Schiffahrt wird die Ausgabe 1959 des Teils II (Gewässer zwischen Nord- und Ostsee) Angaben über die Befeuerung des Göta-Älv und des Väner-Sees enthalten.

In den Nautischen Funkdienst wurden die Bestimmungen für das auf dem westlichen Nordatlantischen und im Indischen Ozean neu eingerichtete Standortmeldeverfahren aufgenommen, das im Seenotfall eine zentral gesteuerte Rettungsaktion ermöglichen soll. Der Abschnitt "Verkehr zwischen Luftfahrzeugen und Schiffen" erfuhr ebenfalls eine Erweiterung. Der Sprechfunk für Küstenschiffahrt enthält nun auch Angaben über Decca und Radar.

Durch den Einsatz verschiedener neuartiger Hilfsmittel bei der Herstellung der Seekarten-Originale, die sich sowohl zeit- als auch kostensparend auswirkten, konnte im Jahre 1958 das im Vorjahre erwähnte Erneuerungs- und Ausbauprogramm nicht nur eingehalten, sondern z.T. sogar überschritten werden.

Im Ostseegebiet erschienen 2 neue Küstenkarten der Süd- bzw. Ostküste von Schweden, ferner wurden die Küstenkarten der Nordseite des Finnischen Meerbusens mit umfassenden Berichtigungen herausgegeben. Im Sund sind die Spezialkarten erneuert und z.T. schon erschienen. Weiter werden die Spezialkarten der Deutschen Bucht völlig neu bearbeitet und einige in den Kartenausdehnungen geändert; auch hier ist ein Teil dieser Karten bereits erschienen. Durch die Herausgabe neuer Küstenkarten für die südliche Nordsee ist dieses Gebiet jetzt ab Scheveningen südwärts und westlich bis einschließlich der englischen Küste mit überlappenden Karten im Maßstab 1 : 150 000 gleichmäßig bedeckt worden. Die für 1957 beabsichtigte Ausgabe weiterer Decca-Karten für die Nordsee, z.T. mit dem Decca-Netz der englischen Kette, kam mit der Herausgabe von 6 neuen Decca-Karten zum Abschluß.

Für die Fischerei wurde eine neue Fischereikarte Nr. 256 FC "Gewässer zwischen Island und Grönland" im Maßstab 1 : 1 000 000 herausgegeben. Die Karte enthält, hauptsächlich nach deutschen Vermessungen, Tiefenlinien von 100 m zu 100 m, sowie das Interpolationsnetz des Consolfunkfeuers Bushmills und sonstige für die Fischerei wichtige Angaben. Die Herausgabe der bislang noch fehlenden Küstenkarten des Golfs von Mexiko, des Karibischen Meeres, der Westindischen Inseln, der Ostküste der Vereinigten Staaten und der Segelkarten der Ostküste Brasiliens konnte im Jahr 1958 abgeschlossen werden.

Die Segelkarten an der Westküste Mittel- und Südamerikas sind jetzt bis auf wenige, die kurz vor der Herausgabe stehen, bereits erschienen, und auch vom indonesischen Raum liegen bis zum Südchinesischen Meer nunmehr sämtliche Übersichts- und Segelkarten fertig vor.

Der technische Betrieb des Seekartenwerks hat sich in den neuen Betriebsräumen bis auf einige noch notwendige Verbesserungen gut eingelebt. Der Seekartenabsatz hielt sich etwa auf der Vorjahrshöhe.

Die Vermessungsfahrzeuge arbeiteten in den heimischen Gewässern auch in diesem Berichtsjahr vorwiegend in der Nordsee. Von den vorgesehenen Vermessungsaufgaben wurden fertiggestellt: Das Seegebiet zwischen Westerems und Hubertgat; das Gebiet der Juister und Memmert-Balje mit Nordland und Koper-Sand; das See- und Wattengebiet vor und hinter den Inseln Spiekeroog und Wangerooge und die Harle; das Gebiet Falsches Tief, Neufahrwasser und Groß-Putengat; das See- und Wattengebiet der Meldorfer Bucht und der Innen- und Außeneider mit dem Wesselburener Loch; die See- und Wattengebiete Lister Tief, Lister Ley, Pander Tief und Wester Ley mit Aufnahme der mittleren Hochwasserlinie von List-Ellenbogen, die vom vorigen Jahr noch ausstehenden Restarbeiten bei Helgoland und in der Ostsee das Gebiet der Hohwacht-Bucht bis zum Fehmarn-Sund. Die Vermessungsarbeiten vor Juist, im See- und Wattengebiet Scharhörn-Riff, Norder-, Wester- und Oster-Till und in der Norder- und Süderpiep konnten wegen der vorgeschrittenen Jahreszeit nicht zum Abschluß gebracht werden. Außerdem wurden auf besondere Anforderung Teile des Wangerooger Fahrwassers und des Alten Schmal-Tiefs ausgelotet. Das VFS "Gauss" führte im Rahmen des Internationalen Geophysikalischen Jahres 2 längere Forschungsfahrten für das Programm "Polarfront-Aufnahmen" im Nordatlantischen Ozean und 3 weitere Versuchsfahrten in der Nord- und Ostsee für geophysikalische und funktechnische Untersuchungen, Baumusterprüfungen und Erprobungen nautisch-technischer Geräte durch. Im näheren Küstenbereich der Nord- und Ostsee und auf den Zwangswegen wurden 13 neue Wrackpositionen festgestellt, 44 bekannte Wracke überprüft und 13 Positionen, auf denen Wracke vermutet werden konnten, untersucht.

Auf dem Gebiet der Geophysik standen, wie eingangs erwähnt, die ozeanographischen und erdmagnetischen Arbeiten im Internationalen Geophysikalischen Jahr im Vordergrund. Auf 2 Fahrten von etwa je 7 000 Seemeilen Erstreckung wurde eine hydrographische und biologische Bestandsaufnahme des mittleren Nordatlantischen Ozeans durchgeführt. Im Rahmen eines zwischen Bundesverkehrs- und Bundeswirtschaftsministerium abgesprochenen Planes wurden in Zusammenarbeit mit der Bundesanstalt für Bodenforschung erdmagnetisch-gravimetrische und seismische Untersuchungen in der Nordsee angestellt. Darüber hinaus wurden gemeinsam mit dem Marschenbauamt Husum in dem Gebiet zwischen Sylt, Föhr und Amrum auf 20 Stationen Schaufelradstrommesser ausgelegt. Die Bearbeitung dieser Beobachtungen sowie die laufende Aufbereitung der Beobachtungen auf den deutschen Feuerschiffen ist in Angriff genommen. Für die nautischen Veröffentlichungen und Seekarten (südliche Ostsee, Belte und Sund, Skagerrak und Kattegat, Indischer Ozean) wurden ozeanographische, erdmagnetische und geologische Beiträge geliefert. Die Vorbereitungen zum Aufbau eines Dienstes zur Überwachung der radioaktiven Beimengungen im Meerwasser, mit denen das Deutsche Hydrographische Institut beauftragt wurde, laufen an.

Die <u>Gezeitentafeln</u> wurden abermals erweitert: Band II des Jahrgangs 1959 enthält erstmalig wieder Angaben für den östlichen Indischen Ozean und für Australien, er unterrichtet also nunmehr über die Gezeiten des gesamten Atlantischen und Indischen Ozeans. Das entspricht einem wiederholt ausgesprochenen Wunsch. Über den gegenwärtig erreichten Umfang hinauszugehen, lassen jedoch die verfügbaren Mittel und Kräfte nicht zu.

Die während des letzten Jahrzehnts beim Deutschen Hydrographischen Institut entwickelten neuen Methoden, die Gezeiten zu analysieren und vorauszuberechnen, beginnen allmählich, auch im Ausland Aufmerksamkeit und Nachahmung zu finden.

Die Vielzahl der Funkortungssysteme für See- und Luftfahrt soll in den Jahren 1959 und 1960 durch internationale Besprechungen beschränkt und vereinheitlicht werden. Fachleute des Ausschußes für Funkortung und der Nachrichtentechnischen Gesellschaft arbeiteten eine eingehende Gegenüberstellung der verschiedenen Verfahren aus. Dabei war ein Vertreter des Deutschen Hydrographischen Instituts ständig beteiligt.

Der Zeitdienst des Deutschen Hydrographischen Instituts stand unter der Belastung der Internationalen Längen- und Breitenvermessung, die innerhalb des Internationalen Geophysikalischen Jahres durchgeführt wurde und 18 Monate hindurch einen 24-stündigen Dienst erforderte. Ging es dabei vorwiegend um wissenschaftliche Fragen, so bleibt doch zu vermerken, daß die Längen und Breiten vieler Küsten noch nicht einmal mit der für nautische Zwecke erforderlichen Genauigkeit bekannt sind.

Astronomische Zeitbestimmungen wurden dabei außer mit dem neu erstellten eigenen photographischen Zenitfernrohr auch mit einem 90 mm-Durchgangs-Instrument angestellt, das die Hamburger Sternwarte auslieh, weil das 70 mm-Durchgangs-Instrument des Deutschen Hydrographischen Instituts überholungsbedürftig war. Die Beobachtungen mit dem Zenitfernrohr ergeben außer der Zeit auch die wegen der Polschwankungen veränderliche Breite.

Präzisionszeitzeichen werden vom Deutschen Hydrographischen Institut, nachdem weitere Sender einbezogen wurden, nunmehr im Sommer 24- und im Winter 26-mal täglich ausgestrahlt.

Auch im vergangenen Jahr wurden wieder mehr Schiffs-Chronometer als im vorangegangenen Jahr geprüft. Die Schiffahrt machte von der Möglichkeit, Schiffs-Chronometer zu mieten, wiederum regen Gebrauch.

Auf dem Gebiet der <u>nautischen Technik</u> wurde im April 1958 mit der durch die Funksicherheitsverordnung vorgeschriebenen navigatorischen Eignungsprüfung der Ortungsfunkanlagen an Bord begonnen. Bisher sind rund 450 Funkpeiler und Radargeräte auf über 300 Schiffen dieser Prüfung unterzogen worden.

Die Bestimmung magnetischer Schutzabstände durch das Deutsche Hydrographische Institut fand in steigendem Maße das Interesse der Geräteindustrie, wobei einzelne Firmen wiederholt Messungen vornehmen liessen, um durch Änderungen ihrer Geräte die geringstmögliche Störwirkung auf den Magnetkompaß zu erreichen. Auf Grund umfangreicher Labormessungen der kompensierenden Wirkung von Flindersstangen verschiedener Stärke bis zu 1,20 m Länge wurden die Unterlagen für die Durchführung einer breitenbeständigen Kompensierung in extremen Fällen ergänzt, wie sie neuerdings auf Schiffsneubauten wiederholt vorgekommen sind.

Nach Inkrafttreten der "Verordnung über Positionslaternen" am 1.8.1958 wurden anschließend vom Deutschen Hydrographischen Institut die neuen "Zulassungsbedingungen für Positionslaternen" herausgegeben.

Speziell für die "Gauss"-Forschungsfahrten im Rahmen des Internationalen Geophysikalischen Jahres wurde zum Teil aus Sondermitteln eine neue schreibende Tiefsee-Echolotanlage erstellt. Sie arbeitet mit einer Schallfrequenz von 12 kHz, die von einem Röhrengenerator erzeugt wird. Besondere Aufmerksamkeit war der Kontrolle der Drehzahlkonstanz des Antriebsmotors für den Schreibstift gewidmet, die in erster Linie die Schreibgenauigkeit bestimmt; sie konnte um über eine Größenordnung verbessert werden. Die Anlage hat sich gut bewährt.

Die öffentlichen Dienste des Instituts, der nautische Warndienst, der Sturmflut-Warndienst sowie der Eisdienst wurden in gewohnter Weise fortgeführt.

Das Deutsche Hydrographische Institut war auf der 5. Tagung des Sonderausschußes für das Internationale Geophysikalische Jahr in Moskau vertreten sowie auf den Tagungen des International Advisory Committee on Marine Sciences, des Special Committee on Oceanic Research sowie des International Council for the Exploration of the Sea in Kopenhagen.

Die Deutsche Hydrographische Zeitschrift konnte im abgelaufenen Jahr mit insgesamt 8 Heften erscheinen, davon 3 Hefte des 10. Jahrgangs (1957). Der 10. Jahrgang schließt mit einem 10-Jahresregister.

Die Bibliothek erhält z.Zt. 1529 periodisch erscheinende Drucksachen mit insgesamt 25 489 Heften im Jahr aus 86 verschiedenen Ländern, woran hinter Deutschland die Vereinigten Staaten von Amerika den Hauptanteil haben.

Der Tauschverkehr wurde im abgelaufenen Jahr straffer zusammengefaßt mit dem Ziel der Intensivierung; die Zahl der Tauschpartner hat sich daher nicht wesentlich geändert, wohl aber ist das Tauschvolumen in beiden Richtungen erneut gestiegen.

Das D.H.I. im Jahre 1958

Der Ausschuß des Seeverkehrsbeirats für die Angelegenheiten des Deutschen Hydrographischen Instituts hielt am 11.3.1958 seine 15. Sitzung ab. Als wesentlichste Ergebnisse sind 2 Entschließungen zu nennen, die dem Seeverkehrsbeirat zugeleitet und von diesem befürwortet wurden. Die Entschließungen betrafen die Neustiftung einer Medaille zur Auszeichnung bewährter freiwilliger Mitarbeiter und die Gefahr der Verseuchung des Meerwassers durch radioaktive Stoffe bei Havarien atomgetriebener Schiffe. Der Ausschuß stimmte ferner einem Antrag zu, der die Berichtigungsarbeiten in Seekarten verringert.

Die Zusammenarbeit mit der Bundesmarine gestaltete sich auch im abgelaufenen Jahr harmonisch.

Über die rege Mitarbeit des Deutschen Hydrographischen Instituts an internationalen Tagungen gibt die Übersicht auf S. 10 - 11 Auskunft. Es mag an dieser Stelle erwähnt werden, daß neuerdings der relativ jungen und zum Teil vernachlässigten Wissenschaft vom Meere von führenden internationalen Organisationen erhöhte Bedeutung zugemessen wird. Die Frage der Versenkung von Atommüll im Meere, die Änderung unseres Klimas sowie die Deckung des Bedarfs an Eiweiß aus dem Meere für die menschliche Ernährung - um nur einige Probleme zu nennen - zwingen zu einer intensiven Förderung der Meereskunde. Daher hat der Rat der Internationalen Wissenschaftlichen Unionen (ICSU) einen Sonderausschuß (Special Committee on Oceanic Research) und die UNESCO einen Beratenden Ausschuß für Meereswissenschaften (International Advisory Committee on Marine Sciences) gegründet. An beiden Ausschüssen ist das Deutsche Hydrographische Institut teils beratend, teils aktiv beteiligt.

Einzelheiten können den folgenden Kapiteln entnommen werden.

Jahresbericht Nr.13/1958

II. TAGUNGEN, BESUCHER, STUDIENREISEN

1. Tagungen

De Verificatie van de rijkszee- en luchtvaartinstrumenten, Wassenaar, 100-Jahrfeier am 8.1.1958: Dr. Matezky.

Fachausschuß 6 des Ausschußes für Funkortung, Tagungen am 22.1. und 5.11.1958 in Hamburg: Dr. Matezky.

Deutsche Wissenschaftliche Kommission für Meeresforschung am 7. und 8.1.1958 in Hamburg: Dr. Böhnecke, Prof.Dr. Dietrich, Prof.Dr. Kalle.

Arctic Sea Ice Conference vom 24. - 27.2.1958 in Easton, Maryland (Vereinigte Staaten): Dr. Nusser.

Gründung des "Centre Belge d'Océanographie et d'Etudes Sousmarines", Lüttich (Liège) 25./26.2.1958: Horn.

Geologische Vereinigung e.V. in Karlsruhe, Jahrestagung vom 21.3. bis 24.3.1958: Dr. Jarke.

Arbeitsgemeinschaft Ionosphäre und Deutscher URSI-Landesausschuß in Kleinheubach am Main, vom 9.4. bis 12.4.1958: Dr. Gresky, Dr. Meyer, Dipl.-Geophys.Voppel.

Arbeitssitzung des Arbeitskreises Namengebung und Namenschreibung der Deutschen Gesellschaft für Kartographie in Remagen, 30.4.1958: Prof. Dr. Stocks.

10. Seefunkbesprechung, Cuxhaven, 24. - 25.4.1958: Dr. Gabler, Dr. Gresky, Schumann.

Arbeitsgemeinschaft der technisch-wissenschaftlichen Bibliotheken, 7. Arbeitstagung, Kiel, 24. - 26.4.1958: Charisius, Dr. Model, Prof. Dr. Stocks.

Deutsche Geophysikalische Gesellschaft, Leipzig, 2. - 5.5.1958: Dr.Tomczak.

Eröffnung der Abteilung Schiffahrt des Deutschen Museums in München, 6./7.5.1958: Dr. Freiesleben.

Arbeitskurs Praktische Kartographie der "Deutschen Gesellschaft für Kartographie" in Niederdollendorf vom 4.5. - 11.5.1958: Hampel, Krüger.

Kommission Seefunk: Tag des Schiffsingenieurs, Flensburg 9.5.1958: Schumann.

Arbeitskreis "Kartographie" der Arbeitsgemeinschaft der Vermessungsverwaltungen der Länder der Bundesrepublik Deutschland in Hamburg vom 8.5. - 10.5.1958: Ermel, Dr. Heupel; in München vom 16. - 18.12.1958: Ermel.

Internationale Jahrestagung des Ausschußes für Funkortung unter dem Thema "Flugnavigation und Flugsicherung" in Berlin vom 19.5. - 24.5.1958: Dipl.Ing. Ansorge, Dipl.Ing. Faust, Dr. Freiesleben, Dr. Gresky, Dr. Heupel.

Tagungen, Besucher, Studienreisen

Internationaler Rat Wissenschaftlicher Unionen (ICSU), Arbeitsgruppe "General Bathymetric Chart of the Oceans" in Monaco vom 2. - 4.6.1958: Dr. Böhnecke.

ICES-Subcommittee on the Preparation of Mean Charts of Surface Salinity and Temperature of the North-West-European Waters in Hamburg, vom 24.6. - 25.6.1958: Prof.Dr. Dietrich.

ICES-Subcommittee for Mechanizing the Index of Hydrographic Data in Hamburg, vom 26.6. bis 27.6.1958: Prof.Dr. Dietrich.

Deutsche Wissenschaftliche Kommission für Meeresforschung in Hamburg, vom 7.7. bis 8.7.1958: Dr. Böhnecke, Prof.Dr. Dietrich, Prof.Dr. Kalle.

Zweites Internationales Kolloquium der CSAGI-Kommission für das Studium der Erdgezeiten, München 21./26.7.1958: Horn.

Comité Spécial de l'Année Géophysique Internationale in Moskau und Leningrad vom 1. - 12.8.1958: Dr. Böhnecke.

43. Deutscher Geodätentag des Deutschen Vereins für Vermessungswesen in Stuttgart vom 24.9. - 27.9.1958: Ermel.

International Council for the Exploration of the Sea (ICES) in Kopenhagen, vom 29.9. bis 4.10.1958: Dr. Böhnecke, Prof.Dr. Dietrich.

8.Arbeitstagung der Deutschen Gesellschaft für Kartographie in Rendsburg vom 1.10. - 5.10.1958: Becker, Bickel, Ermel, Fankhänel, Füssel, Gabriel, Gruneberg, Hampel, Hantschick, Haude, Dr. Heupel, Dr.Jarke, Karst, Krüger, Lüthje, Mann, Marquardt, Puppe, Reißland, Rode, Roquette, Prof.Dr.Stocks, Vetter, Weidemann, B.Winters, F.Winters.

2.Radioaktive Konferenz in Zürich vom 13.11. bis 14.11.1958: Dr. Kautsky.

Fachausschuß "Meßwesen auf Schiffen" der Schiffbautechnischen Gesellschaft, 19.11.1958 in Hamburg: Dr. Matezky.

UNESCO, International Advisory Committee on Marine Sciences und ICSU, Special Committee on Oceanic Research in Paris vom 22. - 27.9.1958: Dr. Böhnecke.

Beirat der Biologischen Anstalt Helgoland in Hamburg am 14.11.1958: Dr. Böhnecke.

2. Besucher

Im Berichtsjahr wurde das Deutsche Hydrographische Institut wiederum aufgesucht von zahlreichen Besuchern aus dem In- und Ausland; Studiengruppen der Universitäten und Schiffahrtsschulen besichtigten die Einrichtungen des Instituts. Immer ergaben sich Möglichkeiten für Gespräche, die für beide Partner anregend waren.

3. Studien- und Informationsreisen

M.S. "Brage"	März 1958 (Seereederei "Frigga") H.Barthmann nach Ostküste Südamerika
S.Y. "Fatima"	April 1958 (L.S.C.) E.Stark nach Spanien, Portugal, Italien
M.S. "Amelie Thyssen"	Juni/Juli 1958 (Reed.Ahrenkiel u. Bene) P.Runge nach Ostküste der USA und Mittelmeer.
M.S. "Esja" und M.S. "Akraborg"	Juli/August 1958 (Isländische Reederei) H.E.Schlotter rund um Island.
M.S. "Ingrid Leonhardt"	Juli/August 1958 (Reederei Leonhardt u. Blumberg) G.Kohn nach Venezuela und Ostküste der USA.
S.Y. "Komoran"	August 1958 (L.S.C.) E.Stark nach Spanien, Portugal, Italien.
M.S. "Amelie Thyssen"	August/September 1958 (Reederei Ahrenkiel u. Bene) J. Thiessen nach Ostküste der USA.
M.S. "Brage"	August/September 1958 (Seereederei "Frigga") G.Nikelowski nach Kirkenes-Luleå.
M.S. "Arosa Sun"	September/Oktober 1958 (Arosa-Line) H.Möller nach Kanada.

III. DER AUSSCHUSS DES SEEVERKEHRSBEIRATS FÜR DIE ANGELEGENHEITEN DES D.H.I.

1. Veranstaltungen, Vorträge und Berichte

Der Ausschuß des Seeverkehrsbeirats für die Angelegenheiten des D.H.I. hielt am 11.3.1958 im Hause der Bundesverkehrsbehörden in Hamburg seine 15. Sitzung ab. Von weiteren Veranstaltungen mußte wegen der Arbeiten für das Internationale Geophysikalische Jahr (I.G.J.) abgesehen werden.

Einem vielfach geäußerten Wunsch nachkommend, erstreckte sich auf der 15. Sitzung die Unterrichtung des Ausschußes über die Arbeitsgebiete des D.H.I. besonders auf die technischen Einrichtungen des im Jahre 1957 fertiggestellten 3. Bauabschnitts des Hauses der Bundesverkehrsbehörden. Er wird im wesentlichen von den Abteilungen II (Seekartenwerk) und VI (Nautische Technik) des D.H.I. eingenommen. Die Besichtigung bot den fast vollzählig teilnehmenden Mitgliedern des Ausschußes Gelegenheit, den Werdegang der Seekarten und anderer nautischer Veröffentlichungen des Instituts kennenzulernen und einen Überblick über die Prüfung der nautischen Geräte zu gewinnen.

2. Anträge und Entschließungen

Anknüpfend an die während der Besichtigung gegebenen Hinweise auf Engpässe wurde dem Ausschuß das bereits auf der 9. Sitzung (16.11.1954) behandelte Problem der Darstellung sich häufig ändernder Nebenfahrwasser in den Seekarten unter dem Gesichtspunkt der Produktion vorgetragen. Während sich die als Folge des damaligen Beschlußes veranlaßten Vereinfachungen in kleinmaßstäblichen Seekarten voll bewährt haben, hat sich doch gezeigt, daß der Beschluß nur eine Teillösung war. Nach wie vor müssen jedoch sämtliche Veränderungen an den meist unbedeutenden Nebenfahrwassern in Karten <u>größeren</u> Maßstabs voll und ganz gebracht werden. Dies erforderte z.B. bei der Karte D. 89 (Ostfriesische Inseln) innerhalb eines Jahres nicht weniger als 5 Deckblätter ohne die übrigen Berichtigungen. Das Problem bei diesen Karten betrifft weniger die Darstellung als die Produktion. Vom D.H.I. wurde die Auffassung vertreten und nach eingehender Diskussion auch vom Ausschuß gebilligt, daß eine <u>laufende</u> Berichtigung der Angaben über unbedeutende Fahrwasser nicht notwendig ist und Veränderungen nur jeweils beim Neudruck der Karten vorgenommen werden sollten. Auf mögliche Abweichungen des Kartenbildes von den wirklichen Verhältnissen soll ein Warnvermerk hinweisen. Dem Benutzer verbleibt die Möglichkeit, die Karte an Hand der Nachrichten für Seefahrer selbst auf dem laufenden zu halten.

Der Ausschuß setzte die auf der 14. Sitzung am 15.10.1957 begonnene Diskussion über die Auszeichnung freiwilliger Mitarbeiter fort. Er befürwortete, die Auszeichnung durch Buchprämien beizubehalten, aber als Anerkennung für besonders hervorragende und jahrelange Mitarbeit die frühere

"Seewartenmedaille" unter dem Namen "Seewartmedaille" neu zu stiften. In der nach Abschluß der Diskussion gefaßten Entschließung wurden der ideelle Wert einer solchen Auszeichnung und der Wunsch, sie in mehreren Stufen verleihen zu können, besonders herausgestellt.

Eine weitere Entschließung des Ausschußes hatte zum Ziel, eine Verseuchung des Meerwassers durch atomgetriebene Schiffe zu verhindern, die bei Havarien oder Kollisionen solcher Schiffe auftreten kann. Der Ausschuß möchte vor dieser Gefahr eindringlich warnen und eventuelle Fehlinvestitionen an Geld und Arbeit vermieden wissen, bevor Versuche soweit gediehen sind, daß die Entwicklung zwangsläufig wird.

Der im Verlauf der 14. Sitzung erstattete Bericht über die Tätigkeit des D.H.I. auf dem Gebiet der Typen- und Baumusterprüfung von Funkortungsgeräten gab Veranlassung, die Frage der Anerkennung von Prüfungszertifikaten nichtdeutscher Stellen zu überprüfen.

Die Entschließungen wurden dem Seeverkehrsbeirat zugeleitet, der sie auf seiner 17. Sitzung am 10.6.1958 befürwortete.

B. Berichte der Abteilungen

I. NAUTISCHE VERÖFFENTLICHUNGEN UND NAUTISCHE NACHRICHTEN

1. Allgemeines

Die Versorgung der Schiffahrt mit nautischen Büchern und Nachrichten wurde im bisherigen Umfang durchgeführt. Besonders nachteilig auf den Arbeitsablauf wirkte sich aus, daß umfangreiche Zeichen- und Druckarbeiten wegen Personalmangels nicht von eigenen Kräften ausgeführt werden konnten, sondern vergeben werden mußten.

Die Zahl der uns von freiwilligen Mitarbeitern übersandten Berichte hat sich wiederum erhöht, wobei besonders die Zahl der Zuschriften von Reedereien gestiegen ist. Das eingegangene Material wurde ausgewertet und der Schiffahrt im Rahmen der einzelnen Veröffentlichungen zugänglich gemacht. Durch Buchprämien konnten 25 freiwillige Mitarbeiter ausgezeichnet werden.

4 Mitarbeiter der Abteilung unternahmen, zum Teil während ihres Urlaubs, Informationsreisen, um mit der nautischen Praxis Fühlung zu halten und Material und Erfahrungen über die Schiffahrtsverhältnisse in den besuchten Gewässern zu sammeln.

Für die großzügige Unterstützung und Förderung unserer Arbeit sei allen Beteiligten an dieser Stelle herzlichst gedankt.

2. Seehandbücher

Während des Berichtsjahres erschienen als Neuauflagen das "Nordsee-Handbuch, östlicher Teil" mit einem Beiheft "Radar-Küstenansichten", das Handbuch "Westindien, I.Teil" und das "Handbuch der Nord- und Westküste Spaniens und der Küste Portugals". In neuer Auflage wurden außerdem die Hefte "Betonnung der deutschen Küstengewässer" und "Winterbetonnung der deutschen Küstengewässer 1958/59" herausgegeben. 17 Seehandbücher wurden durch Nachträge und 2 durch Ergänzungen auf den neuesten Stand gebracht.

5 weitere Seehandbücher sind vergriffen. Wegen der unzureichenden Zahl der Mitarbeiter und der bereits oben geschilderten Schwierigkeiten konnten nur 2 dieser 5 Werke in Neubearbeitung genommen werden. Während ein weiteres noch als unveränderter Nachdruck erscheinen konnte, der durch Nachträge auf dem neuesten Stand gehalten wird, lohnte bei den übrigen Handbüchern ein Nachdruck nicht mehr, da ihre letzten Auflagen bereits im Jahre 1930 herausgegeben wurden.

Weitere Einzelheiten über die 1958 erschienenen und z.Z. in Arbeit befindlichen oder geplanten Neuauflagen von Seehandbüchern und Nachträgen sind aus den Zusammenstellungen auf S. 61 und S. 66 zu ersehen.

3. Ozeanhandbücher, Monatskarten, Schiffswege

Die Neubearbeitung des "Handbuch des Indischen Ozeans" wurde weitergeführt. Der Abschnitt Schiffswege konnte bis auf einige Wege entlang der Küsten West- und Südaustraliens und des Bengalischen Meeres fertiggestellt werden.

Bei den "Monatskarten für den Indischen Ozean" konnte mit den Zeichenarbeiten begonnen werden, nachdem sowohl Material für die Schiffswege als auch über Winde und Strömungen zum größten Teil vorliegt.

Das Dezernat bearbeitete ferner den Abschnitt Lotungen für das Handbuch der Nord- und Westküste Spaniens und der Küste Portugals und den Abschnitt Schiffswege für das Handbuch der Westküste Amerikas, I.Teil. Hierfür wurden neben Reiseberichten und Schiffstagebüchern auch Meteorologische Tagebücher aus den Beständen des Seewetteramts ausgewertet.

4. Nachrichten für Seefahrer und Nautischer Warndienst

Die "Nachrichten für Seefahrer" erschienen 52 mal in wöchentlicher Folge und brachten ebenso wie im Vorjahre rund 5 000 Nachrichten und Bekanntmachungen. Außer den regelmäßig beiliegenden Deckblättern zum Leuchtfeuerverzeichnis und den "blauen" Listen der Berichtigungen deutscher Seekarten wurden den Ausgaben bei Bedarf insgesamt 92 Einzelanweisungen für das Befahren der nach Minen abgesuchten Wege (Zwangswege) beigefügt. Einmalig als Beilagen erschienen das Jahresinhaltsverzeichnis, allgemeine Richtlinien für das Befahren der Zwangswege und ein Verzeichnis dieser Wege.

In neuer Auflage erschien das Heft "Minengefährdete Gebiete". Das rund 100 Seiten starke Werk enthält 10 zweifarbige Karten, die eine schnelle Orientierung ermöglichen. Der Inhalt des Heftes wurde so erweitert, daß es nicht nur die frühere Auflage (1956), sondern auch die Beihefte "Minengefahr und Zwangswege" zu den Seehandbüchern Nordsee, östlicher Teil, und Ostsee, südlicher Teil, ersetzt. Um den Arbeitsaufwand für das Eintragen der Berichtigungen an Bord zu verringern, werden größere Berichtigungen künftig in Form von Deckblättern herausgegeben.

Die Auflage der Nachrichten für Seefahrer mußte im Laufe des Jahres auf 3 250 erhöht werden.

Der "Nautische Warndienst" wurde in ununterbrochener Bereitschaft von den nautischen Mitarbeitern der Abteilung zusätzlich zu den übrigen Aufgaben durchgeführt. Von insgesamt 1487 bearbeiteten Nachrichten wurden bekanntgegeben:

a) über die Küstenfunkstellen 501 Seenachrichten und 8 Minenwarnungen,
b) über den Norddeutschen Rundfunk 920 Einzeldurchsagen für die Küstenschiffahrt,
c) der britischen Admiralität und anderen Dienststellen 58 Nachrichten.

Nautische Veröffentlichungen und Nautische Nachrichten

5. Verzeichnis der Leuchtfeuer und Signalstellen

Die bisher bearbeiteten 11 Teile des Leuchtfeuerverzeichnisses (I-IIIA, IIIB-X) erschienen wieder als Neuauflagen. Sie wurden durch rund 350 den Nachrichten für Seefahrer beiliegende Deckblätter, die zusammen etwa 3 500 Einzelberichtigungen enthielten, laufend auf dem neuesten Stand gehalten.

Auf Wunsch der Schiffahrt wurden in den Teil II (Gewässer zwischen Nord- und Ostsee) die für das Befahren des Göta-Älv und des Väner-See notwendigen Angaben über deren Befeuerung und Signalstellen aufgenommen. Die Ausgabe 1959 des Teils II wird diese Erweiterung bereits enthalten.

Die Vorarbeiten an dem seit 1945 nicht wieder erschienenen Teil XI (Stiller Ozean, Ostseite) wurden beendet und das Manuskript in Druck gegeben.

Der ebenfalls seit Kriegsende noch nicht wieder zur Verfügung stehende Teil XII (Europäisches Nordmeer, nördlicher Teil, und Polarmeer) ist in Arbeit genommen worden.

6. Nautischer Funkdienst und Sprechfunk für Küstenschiffahrt

In Band I (Funkverkehr) wurden in den Abschnitt Seenotfunk die Bestimmungen und Beispiele für das auf dem westlichen Nordatlantischen und im Indischen Ozean neu eingerichtete Standortmeldeverfahren aufgenommen, das im Seenotfall eine zentral gesteuerte Rettungsaktion ermöglichen soll. Der Abschnitt Verkehr zwischen Luftfahrzeugen und Schiffen erfuhr ebenfalls eine Erweiterung.

Im Band II (Funkortung) wurden die Angaben über Flugfunkfeuer an Hand neuer Unterlagen überarbeitet und alle Anlagekarten, die zur Orientierung über die Lage und Gruppeneinteilung der Seefunkfeuer dienen, erneuert.

Die Abschnitte Decca und Radar wurden in den Sprechfunk für Küstenschiffahrt übernommen, um den Bedürfnissen der Benutzer dieses Werks Rechnung zu tragen.

Der Abschnitt Deutschland mußte in allen Bänden infolge von Organisationsänderungen bei der Bundespost neu bearbeitet werden.

Wegen vergriffener Auflagen wurden Band I (Funkverkehr), Band II (Funkortung), der Sprechfunk für Küstenschiffahrt und der Sonderdruck aus Band III "Verwendung der Wetterfunksprüche an Bord" als berichtigter Nachdruck herausgegeben.

Den 24 Nachträgen zum Nautischen Funkdienst lagen 504 Ersatzblätter bei; ferner enthielten sie 572 kleinere Berichtigungen. Die 12 Nachträge zum Sprechfunk für Küstenschiffahrt brachten 132 Ersatzblätter und 102 kleinere Berichtigungen.

II. SEEKARTENWERK

1. Allgemeines

Bei gleichbleibendem Personalstand und gleichbleibenden sächlichen Mitteln konnten die dem Seekartenwerk gestellten Aufgaben durch die äußersten Anstrengungen des gesamten Personals und durch Rationalisierungsmaßnahmen bei der Originalherstellung und im technischen Betrieb gemeistert werden. Trotzdem ließen sich Verzögerungen bei der Auslieferung der Seekarten nicht immer vermeiden und werden auch im kommenden Jahr in Kauf genommen werden müssen.

2. Kartographie

Bei Jahresbeginn erschien der neue deutsche Zeichenschlüssel "D.1, Zeichen und Abkürzungen in den deutschen Seekarten" in deutscher und englischer Sprache. Er enthält gegenüber den früheren Zeichenschlüsseln mehrere Änderungen in den Symbolen, die zur einheitlichen Zeichengebung in den verschiedenen nationalen Kartenwerken auf Grund von Vereinbarungen der Mitgliedsstaaten des Internationalen Hydrographischen Büros in Monaco eingeführt wurden. Weiter enthält er in seinen "Erläuterungen und Bemerkungen" wichtige Hinweise, um die in den deutschen Seekarten gebrachten zahlreichen Angaben voll und sinngemäß ausnutzen zu können. Seine Einteilung, die den Beschlüssen der VII. Internationalen Hydrographischen Konferenz von Monaco im Mai 1957 entspricht, ermöglicht einen direkten Vergleich mit den Angaben der Zeichenschlüssel anderer Staaten.

Durch den Einsatz verschiedener neuartiger Hilfsmittel bei der Herstellung der Seekarten-Originale, die sich sowohl zeit- als auch kostensparend auswirkten, konnte im Jahre 1958 das im Vorjahre erwähnte Erneuerungs- und Ausbauprogramm nicht nur eingehalten, sondern z.T. sogar überschritten werden. Die Zahl der im Jahre 1958 fertiggestellten neuen Karten bzw. "Neuen Ausgaben" konnte gegenüber den Vorjahren weiterhin gesteigert werden, 53 Karten konnten seit 1946 erstmalig wieder auf den neuesten Stand gebracht werden. Im Jahre 1958 wurden herausgegeben:

21 Karten als "Neue Karten"
98 Karten als "Neue Ausgaben"
112 Karten unter "Bekanntmachung" mit größeren Berichtigungen.

Eingezogen und durch neue Karten ersetzt wurden 13 veraltete Karten.

Genaue Angaben über die im Jahre 1958 veröffentlichten und für das Jahr 1959 geplanten Seekarten sind im Abschnitt C "Amtliche Veröffentlichungen des Instituts" (S. 61) zu ersehen.

Gebietsmäßig verteilen sich die Arbeiten im Berichtsjahre wie folgt:
Es erschienen im Ostseegebiet 2 neue Küstenkarten der Süd- bzw. Ostküste von Schweden, ferner wurden die Küstenkarten der Nordseite des Finnischen Meerbusens mit umfassenden Berichtigungen herausgegeben. Im Sund sind die

Spezialkarten erneuert und z.T. schon erschienen. Weiter werden die Spezialkarten der Deutschen Bucht völlig neu bearbeitet und einige in den Kartenausdehnungen geändert, auch hier ist ein Teil dieser Karten bereits erschienen. Durch die Herausgabe neuer Küstenkarten für die südliche Nordsee ist dieses Gebiet zur Erleichterung der Navigation jetzt südlich Scheveningen und westlich bis zur englischen Küste mit gegenseitig übergreifenden Karten im Maßstab 1 : 150 000 gleichmäßig bedeckt worden. Die schon für 1957 beabsichtigte Ausgabe weiterer Decca-Karten für die Nordsee, z.T. mit dem Decca-Netz der englischen Kette, kam mit der Herausgabe von 6 neuen Decca-Karten zum Abschluß.

Für die Fischerei wurde eine neue Fischereikarte 256^{FC} "Gewässer zwischen Island und Grönland" im Maßstab 1 : 1 000 000 herausgegeben. Die Karte enthält, nach den neuesten Vermessungsergebnissen der deutschen Forschungsschiffe "Anton Dohrn" und "Gauss", Tiefenlinien von 100 m zu 100 m, sowie das Interpolationsnetz des Consolfunkfeuers Bushmills und sonstige für die Fischerei wichtige Angaben. Ferner wurden zur Erleichterung der Navigation sämtliche Küstenkarten Islands auf dreifarbiges Feuerkolorit umgestellt.

Die Herausgabe der bislang noch fehlenden Küstenkarten des Golfes von Mexiko, des Karibischen Meeres, der Westindischen Inseln, der Ostküste der U.S.A. und der Segelkarten der Ostküste Brasiliens konnte im Jahre 1958 abgeschlossen werden.

Auch die Segelkarten an der Westküste Mittel- und Südamerikas sind jetzt bis auf wenige, die kurz vor der Herausgabe stehen, bereits erschienen, und auch vom indonesischen Raum liegen bis zum Südchinesischen Meer nunmehr sämtliche Übersichts- und Segelkarten fertig vor.

Für das kommende Jahr ist die weitere Neubearbeitung der Spezialkarten der Deutschen Bucht vorgesehen, ferner die Ausgabe weiterer Küstenkarten für die Ostküste Schwedens und für das finnische Gebiet des Bottnischen Meerbusens. Auch die Herausgabe sämtlicher Segelkarten der Ostküste Kanadas, eines Teils der Küstenkarten der Ostküste Brasiliens und der Segelkarten der Westküste Afrikas wird voraussichtlich im Jahre 1959 erfolgen können. Von den Segelkarten der Westküste Afrikas werden zuerst die Karten südlich der Kanarischen Inseln bis zur Elfenbeinküste erscheinen. Ferner befinden sich die Küsten- und Sonderkarten der Westküste Mittel- und Südamerikas sowie des indonesischen Raums in Arbeit.

Schließlich wird Anfang 1959 das "Verzeichnis der Nautischen Karten und Bücher" in neuer Ausgabe erscheinen, da die jetzige Ausgabe von 1955 durch die zahlreichen inzwischen eingetretenen Änderungen nicht mehr fortgeführt werden kann. +)

+) Anfang Februar 1959 erschienen.

3. Technischer Betrieb

Im Berichtsjahr spielte sich die Produktion des Technischen Betriebes des Seekartenwerkes in den neuen Betriebsräumen gut ein. Trotz durchgeführter Verbesserungen sind aber die klimatischen Verhältnisse in einigen Räumen des Druckereigebäudes noch ungünstig. Große Schwierigkeiten bereiteten in der An- und Umdruckerei die immer noch stark auftretenden Oxydationsschäden an den Aluminiumdruckplatten infolge der Ausdünstungen der im Betonschüttbau errichteten Wände des Gebäudes.

Gegenüber den früheren Jahren, die ständig steigende Auflagenhöhen der Veröffentlichungen des D.H.I. brachten, ist jetzt eine gewisse Stetigkeit eingetreten.

Nach Abschluß der Versuche mit dem Spritzfolienverfahren wurden im Berichtsjahr 35 Seekarten von den Kupferoriginalen auf Folien übertragen, um die Voraussetzungen für schnellere Berichtigungen zu schaffen. Diese Arbeiten werden in den kommenden Jahren in verstärktem Maße fortgesetzt werden und im Zusammenklang mit jetzt in der Erprobung befindlichen photomechanischen Verfahren zu einer Verkürzung der Arbeitszeiten führen. Voraussetzung dafür ist allerdings auch ein Ausbau der Kopiereinrichtungen, wofür Mittel im Haushaltsjahr 1960 beantragt werden müssen.

Erhebliche Schwierigkeiten traten durch starke Personalausfälle infolge Krankheiten im Buchdruck und in der Buchbinderei im Laufe des Sommers auf, wobei im Buchdruck die Ausfallquote viele Wochen lang bis zu 75% betrug. Der dadurch entstandene Produktionsausfall konnte für verschiedene Veröffentlichungen nur mühsam bis zum Jahresende ausgeglichen werden.

In der Seekartendruckerei wurden insgesamt 808 (1957 = 717) verschiedene Seekarten gedruckt, die Anzahl der Druckgänge lag mit 1,6 Millionen etwas höher als im Vorjahr.

Im Buchdruck konnten in diesem Jahre neben den vielen anderen Veröffentlichungen 3 Seehandbücher und 17 Nachträge herausgebracht werden. Die Zahl der Druckgänge stieg hier auf 4 022 773, das bedeutet gegenüber dem Vorjahre eine Steigerung um 800 000 Druckgänge trotz des vorher geschilderten starken Personalausfalls.

Insgesamt wurden 80 t Papier gegenüber 68 t im Vorjahr bedruckt.

Die weitere Rationalisierung des Betriebes wurde durch die Anschaffung mehrerer moderner Maschinen vorangetrieben.

4. Seekartenberichtigung

Die Zahl der als Berichtigungsunterlagen dienenden Kreuzkarten ist von 789 (1957) auf 837 im Jahre 1958 gestiegen. Die Zahl der handschriftlich berichtigten Seekarten betrug 114 520 gegen 116 270 im Jahre 1957.

5. Seekartenlager

Der Seekartenabsatz hielt sich mit 116 974 Stück etwa auf der Höhe des Vorjahres (117 574), wovon 75% von den drei AVB-Stellen in Hamburg, Kiel, Bremen bzw. Bremerhaven und der Hamburger AV-Stelle abgesetzt wurden. Zu den von der Druckerei an das Seekartenlager insgesamt gelieferten rund 136 000 Seekarten traten rund 11 000 Deckblätter. An Seefahrtschulen, Marineschulen und Segelsportverbände wurden für Unterrichts- und Schulungszwecke rund 3 600 ausgemusterte Seekarten abgegeben.

Jahresbericht Nr.13/1958

III. SEEVERMESSUNG UND NAUTISCHE GEODÄSIE

1. Allgemeines

Zu Beginn des Berichtsjahres wurde für ausgewählte Matrosen der Vermessungsschiffe ein sechswöchiger Lehrgang abgehalten, der den Teilnehmern die notwendigen theoretischen Vorkenntnisse für eine spätere Fachausbildung im mittleren Dienst der Seevermessung vermittelte.

2. Einsatz der Vermessungsschiffe

Für die Durchführung der Vermessungsarbeiten in den heimischen Gewässern konnten auch in diesem Berichtsjahr nur die Vermessungsschiffe "Hooge", "Ruden" und "Süderoog" eingesetzt werden, da das Vermessungs- und Forschungsschiff "Gauss" durch längere Forschungs- und Versuchsfahrten und die beiden Vermessungs- und Wracksuchschiffe "Atair" und "Wega" durch die Wracksuche voll ausgelastet waren. Infolge der erforderlichen Reparatur- und Überholungsarbeiten sowie der Ausrüstung des VFS "Gauss", das auf Grund internationaler Vereinbarungen bereits Anfang März zu einer rd. neunwöchigen Forschungsfahrt in den Nordatlantik auslaufen mußte, konnten die Werftarbeiten an den anderen Vermessungsfahrzeugen mit Ausnahme des VS "Süderoog" erst verspätet in Angriff genommen werden. Dadurch verzögerte sich der Beginn des Einsatzes dieser Vermessungsfahrzeuge.

In der Nordsee wurden von den vorgesehenen Vermessungsaufgaben fertiggestellt: Das Seegebiet zwischen Westerems und Hubertgat (N 1); das Gebiet der Juister und Memmert-Balje mit Nordland und Koper-Sand (N 3-Ost, nördl. Teil); das See- und Wattengebiet vor und hinter den Inseln Spiekeroog und Wangerooge und die Harle (N 7); das Gebiet Falsches Tief, Neufahrwasser und Groß-Putengat (zu N 15); das See- und Wattengebiet der Meldorfer Bucht (N 17) und der Innen- und Ausseneider mit dem Wesselburener Loch (N 20); die Tiefenrinne im Westausläufer des Blauort-Sand (zu N 18); das Seegebiet Lister Tief (N 30); das See- und Wattengebiet Lister Ley, Pander Tief und Wester Ley mit Aufnahme der mittleren Hochwasserlinie von List-Ellenbogen (N 31) sowie die vom vorigen Jahr noch ausstehenden Restarbeiten bei Helgoland (N 33). Außerdem wurden auf besondere Anforderung Teile des Wangerooger Fahrwassers (zu N 9) und des Alten Schmal-Tiefs (zu N 24) ausgelotet. Die Vermessungsarbeiten im Seegebiet vor Juist mit der Kachelot-Plate (N 2), im See- und Wattengebiet der Norder-Gründe, östlicher Teil, mit Scharhörn-Riff, Norder-, Wester- und Oster-Till, Baken-Loch und Neu-Cappeler Tief (N 8 und zu N 13) sowie im Seegebiet der Norder- und Süderpiep (N 18) konnten wegen der vorgeschrittenen Jahreszeit nicht zum Abschluß gebracht werden.

In der Ostsee wurde das schon im vorigen Vermessungsplan aufgeführte Gebiet der Hohwacht-Bucht bis zum Fehmarn-Sund (O 11 und 12) vermessen. Dabei wurden die Schiffsorte überwiegend nach dem Decca-Verfahren mit der dänischen Kette bestimmt. Die geometrischen Bedingungen für die Decca-Ortung sind hier wesentlich günstiger als im Bereich der Norder- und Süderpiep, in dem ebenfalls dänische Decca-Hyperbeln für die Ortung benutzt werden mußten, da dieses Gebiet außerhalb der normalen Sichtweiten für Doppelwinkelmessungen liegt. Insgesamt wurden von "Hooge", "Ruden" und "Süderoog" rd. 7320 km Lotprofile in den heimischen Gewässern abgelaufen. VS "Süderoog" wurde neben seiner Vermessungstätigkeit noch für 6 ein- bis zweitägige Fahrten zur Untersuchung von Radar-Reflektoren durch die Abteilung VI eingesetzt.

Das VFS "Gauss" führte im Rahmen des Internationalen Geophysikalischen Jahres vom 6.3.58 bis 7.5.58 und vom 29.7.58 bis 25.9.58 die oben erwähnten 2 Forschungsfahrten für das Programm "Polarfront-Aufnahmen" im Nordatlantischen Ozean durch, auf denen rd. 19 130 km auswertbare Lotprofile gewonnen werden konnten. Außerdem unternahm VFS "Gauss" 3 Versuchsfahrten in der Nord- und Ostsee, die geophysikalischen und funktechnischen Untersuchungen, Baumusterprüfungen und Erprobung nautisch-technischer Geräte dienten. Auf den 5 Fahrten wurden fast 33 000 km zurückgelegt.

Die beiden VWS "Atair" und "Wega" stellten im näheren Küstenbereich 13 neue Wrackpositionen (11 in der Nordsee, 2 in der Ostsee) fest, überprüften in der Nordsee 34 und in der Ostsee 10 bereits früher bestimmte Wracke auf Lage, Tiefe und Zustand und untersuchten 13 Positionen, auf denen Wracke vermutet wurden. Beide Fahrzeuge fuhren zusammen ca. 19 450 km.

3. Nautische Geodäsie

Für die Vorbereitung von Loran-Ortungen auf den beiden Forschungsfahrten des VFS "Gauss" im Nordatlantischen Ozean wurden die Hyperbeln der nutzbaren Loran-Ketten in mehrmonatiger Arbeit zusammen mit der Lochkartenstelle in das geographische Netz der Arbeitskarten eingerechnet. Außerdem wurden die zur Schiffsortbestimmung notwendigen Decca-Hyperbeln der deutschen und dänischen Kette für eine Versuchsfahrt des VFS "Gauss" in der Nordsee berechnet. Gegen Ende des Berichtsjahres wurden die Rechenarbeiten für die 1959 geplante Weiterführung dieser Versuchsfahrt begonnen.

Weitere Arbeiten des Dezernats erstreckten sich auf die Berechnung der deutschen Decca-Koordinaten und der Streifenbreiten der Hyperbeln verschiedener Decca-Beobachtungsstationen des Seezeichenversuchsfeldes in Koblenz und der Bundesanstalt für Flugsicherung in Frankfurt/Main sowie auf die Berechnung des Gradnetzes einer Karte in spezieller flächentreuer Abbildung und zahlreicher Azimute für funktechnische Untersuchungen der Abteilung VI.

Zwischenzeitlich wurden Genauigkeitsuntersuchungen über die Schiffsortbestimmung mit Doppelwinkelmessungen und mit dem Decca-Verfahren auf Grund der Ergebnisse einer Vermessungsaufgabe durchgeführt. Das bisher vorliegende Resultat erfordert jedoch noch weitere Analysen.

Tabelle 1

Zusammenstellung der in der Vermessungsperiode 1958 durchgeführten Seevermessungsarbeiten

Lfd. Nr.	Aufgaben Nr.	Gebiet der Aufnahmen	Arbeits-karten-maßstab 1 :	Vermess-ungs-fahrzeug	Lotungen in km	Küsten-aufnahmen in km	naut.-trig. Fest-punkte	aufgenommen in der Zeit von:	bis:
1	N 1	Seegebiet zw. Westerems u. Hubertgat	25000	"Süderoog"	441	--	--	20. 5.	4. 6.
2	N 2	Seegebiet vor Juist u. Kachelot-Plate	20000	"Süderoog"	500	--	--	11. 8.	28.10.
3	N 3	Juister Balje, Nordland u. Koper Sand	20000	"Süderoog"	465	--	--	31. 7.	9.10.
4	N 7	See- u. Wattengebiet vor u. hinter den Inseln Spiekeroog, Wangerooge, die Harle	20000	"Süderoog"	661	--	--	10. 6.	22. 7.
5	N 8 u. 13	See- u. Wattengebiet der Norder-Gründe, östl. Teil, Scharhörn-Riff, Norder-, Wester- u. Oster-Till sowie Baken-Loch u. Neu-Cappeler Tief	25000	"Hooge"	372	--	--	2. 9.	3.11.
6	zu N 9	Wangerooger-Fahrwasser	20000	"Süderoog"	168	--	--	6.11.	20.11.
7	N 15	Falsches Tief, Neufahrwasser u. Groß-Putengat	25000	"Ruden"	402	--	--	27. 5.	8. 7.
8	N 17	See- u. Wattengebiet der Meldorfer Bucht	25000	"Ruden"	232	--	1	31. 5.	28. 6.
9	zu N 18	Die Tiefenrinne über dem Westausläufer des Blauort-Sand	20000	"Ruden"	162	--	1	17. 4.	24. 4.
10	N 18	Seegebiet der Norder- u. Süderpiep	25000	"Ruden"	600	--	--	10. 7.	13.11.
11	N 20	See- u. Wattengebiet der Innen- u. Außeneider sowie des Wesselburener Lochs	20000	"Ruden"	1100	--	--	18. 7.	24.10.
12	zu N 24	Einfahrt Schmal-Tief	25000	"Ruden"	89	--	--	9.10.	
13	N 30	Lister Tief	25000	"Hooge"	415	--	--	3. 7.	13. 8.
14	N 31	Lister Ley	25000	"Hooge"	359	--	--	9. 7.	14. 8.
15	zu N 31	List Ellenbogen	5000	"Hooge"	-	12,3	2	7. 8.	14. 8.
16	N 33	Helgoland	7500	"Hooge"	46	--	--	23. 8.	27. 8.
17	zu N 33	Helgoland zw. Gemeindeanleger und Binnenhafen	1000	"Hooge"	8	--	--	26. 8.	28. 8.
18	O 11-12	Hohwacht-Bucht	25000	"Hooge"	1301	3,5	1	19. 5.	26. 6.
19	Versuchs-fahrt	Nord- und Ostsee Fahrtstrecke	--	"Gauss"	- 751	--	--	18. 2.	26. 2.
20	1. For-schungsfahrt	Nordatlantik An- und Abmarsch	1000000	"Gauss"	9892 3778	--	--	6. 3.	7. 5.
21	Versuchs-fahrt	Deutsche Bucht Fahrtstrecke	--	"Gauss"	- 3371	--	--	9. 6.	2. 7.
22	2. For-schungsfahrt	Nordatlantik An- und Abmarsch	1000000	"Gauss	9240 4241	--	--	29. 7.	25. 9.
23	Versuchs-fahrt	Kieler Bucht Fahrtstrecke	--	"Gauss"	- 923	--	--	6.10.	18.10.
24	Wracksuch-aufgaben	Wracksuche in der östlichen Nordsee und westlichen Ostsee (Flußmündungen, Zwangswege und Küstengewässer)		"Atair" u. "Wega"		--	--	21. 5.	4.12.
		Fahrtstrecke insgesamt:			19446				

Wrackneubestimmungen	in der Nordsee	11
Wrackneubestimmungen	in der Ostsee	2
Wrackkontrollen	in der Nordsee	34
Wrackkontrollen	in der Ostsee	10
Untersuchung von Positionen, auf denen Wracke vermutet wurden:	in der Nordsee	9
	in der Ostsee	4
		70 73

	Lotungen in km	Küstenaufnahmen in km	naut.-trig. Festpunkte
Summe: Lotungen in km	26453	15,8	5
Fahrtstrecke in km	32510		
Insgesamt	58963		
	49251	(3,4)	(3)

Anmerkung: in runder Klammer: 1957; Fahrtstrecken - zum Unterschied von Lotprofilen - in Klammern.

IV. MEERESKUNDE UND ERDMAGNETISMUS

1. Allgemeines

Im Vordergrund der Arbeiten der Abteilung im Berichtsjahr standen sowohl in der Meereskunde wie im Erdmagnetismus die deutschen Beiträge zum Internationalen Geophysikalischen Jahr (IGJ). In Zusammenarbeit mit dem Institut für Meereskunde der Universität Kiel, dem Institut für Meereskunde Bremerhaven, der Biologischen Anstalt Helgoland, dem Fischereibiologischen Institut der Universität Hamburg und der Deutschen Wissenschaftlichen Kommission für Meeresforschung (DWK) wurden mit Unterstützung der Deutschen Forschungsgemeinschaft (DFG) im März/April und im August/September je 2 Forschungsfahrten mit dem VFS "Gauss" und dem FFS "Anton Dohrn" in dem Raum Island - Azoren - Neufundland - Grönland des Nordatlantischen Ozeans mit insgesamt 524 hydrographischen Stationen ausgeführt.

Trotz der erheblichen Belastung der Abteilung durch Vorbereitung und Durchführung dieser Arbeiten wurden die Schaufelradstrommessungen in der Deutschen Bucht gemeinsam mit dem Marschenbauamt Husum auf 22 Stationen im Raum Sylt - Föhr - Amrum fortgesetzt.

Im Erdmagnetischen Observatorium Wingst wurden zur Untersuchung der solar-terrestrischen Beziehungen während der Sonnenfleckenmaxima, eine der Hauptaufgaben des IGJ, zusätzliche Messungen und Registrierungen durchgeführt und die Basis des Observatoriums mehrfach mit den Basen anderer europäischer Stationen verglichen. Die internationale Zusammenarbeit mit anderen Institutionen im Rahmen der URSI war während des IGJ von besonderem Wert.

Mit Unterstützung der DFG konnten die magnetischen Spezialuntersuchungen im norddeutschen Raum fortgesetzt werden.

Die seismischen, magnetischen und gravimetrischen Messungen zur geophysikalischen Untersuchung des tieferen Untergrundes der Nordsee wurden in Zusammenarbeit mit der Bundesanstalt für Bodenforschung weitergeführt.

Die Feuerschiffsbeobachtungen konnten ebenso wie die Oberflächenmessungen auf der Route Hamburg - Hull dank der Mitarbeit von Schiffsoffizieren und Besatzungen fortgesetzt werden.

Für die Seehandbücher "Ostsee, südlicher Teil" und "Belte und Sund" wurden die Beiträge über "allgemeine meereskundliche Verhältnisse", "Meeresboden", "Eis", "Erdmagnetismus" sowie die Bearbeitung der meereskundlichen Karten, Bodenkarten und Mißweisungskarten fertiggestellt. Aufbereitete Beobachtungen wurden für die Beiträge über "Gezeitenströme" zur Verfügung gestellt.

Die Neubearbeitung der Monatskarten für den Indischen Ozean wurde abgeschlossen.

Am Windstau- und Sturmflutwarndienst beteiligten sich 4 Wissenschaftler der Abteilung.

Das Beobachtungsmaterial wurde weiterhin in Monographien, Seehandbuch-Beiträgen, Karten, Auskünften, Gutachten und Vorträgen aufbereitet und den interessierten Kreisen zur Verfügung gestellt. Die Sonderdrucksammlung "Deutsches Hydrographisches Institut, Ozeanographie 1957" wurde wie bisher zusammengestellt und verteilt.

2. Regionale Meereskunde

Vom Dezernat wurde nicht nur die Planung des hydrographischen Teiles der beiden IGJ-Forschungsfahrten, sondern auch die Planung für 2 weitere Fahrten des FFS "Anton Dohrn" in die mittlere und südliche Nordsee, die der Untersuchung der hydrographischen Verhältnisse im Zusammenhang mit fischereibiologischen Problemen galten, durchgeführt. Die hydrographischen Untersuchungen auf See während des Berichtsjahres erbrachten insgesamt von 751 Stationen 9 720 Temperatur- und Salzgehaltssätze. Auf den Forschungsfahrten im Atlantik wurden etwa 250 Vertikalregistrierungen der Temperatur und Trübung bis zu einer Tiefe von 500 m durchgeführt. Horizontalregistrierungen dieser Größen wurden über eine Fahrtstrecke von etwa 30 000 sm, Echogramme aus der Tiefsee über eine Fahrtstrecke von 21 500 sm erzielt.

Mit der Aufbereitung dieses Beobachtungsmaterials, für die Mittel der DFG und der DWK zur Verfügung stehen, wurde begonnen. Erste Ergebnisse wurden bei der Sitzung von CSAGI im August 1958 in Moskau vorgelegt.

Die hydrographischen Beobachtungen von 6 "Anton Dohrn"-Fahrten aus dem Jahr 1957 mit 555 Stationen und 3300 Beobachtungssätzen wurden mit Hilfe von DWK-Mitteln für das "Bulletin Hydrographique" druckfertig gemacht.

Die von den deutschen Feuerschiffen der Nord- und Ostsee sowie von der Route Hamburg - Hull erhaltenen Beobachtungen von 1958 wurden aufbereitet und dem Internationalen Rat für Meereskunde in Kopenhagen zur Verfügung gestellt. Die entsprechenden Beobachtungen des Jahres 1957 wurden in der Reihe "Meereskundliche Beobachtungen und Ergebnisse" veröffentlicht. Monatsmittelwerte von Temperatur und Salzgehalt wurden mit in diese Veröffentlichungen aufgenommen.

Die Vorarbeiten an einem Internationalen Atlas der westeuropäischen Gewässer sind soweit gediehen, daß 300 000 Beobachtungen in Lochkarten aufbereitet sind. Beschlüsse über die weitere Bearbeitung wurden von einem internationalen Arbeitsausschuß gefaßt, der am 24./25.6. im Deutschen Hydrographischen Institut tagte.

Gemeinsam mit dem Marschenbauamt Husum wurden an der schleswig-holsteinischen Westküste auf 22 Stationen Schaufelradstrommessungen durchgeführt, die insgesamt bei einem Wirkungsgrad von 80% Registrierungen über 7 905 Stunden erbrachten. Mit der Aufbereitung dieser Beobachtungen, für die

Mittel des Marschenbauamtes Husum zur Verfügung standen, wurde begonnen. Die Aufbereitung der Schaufelradbeobachtungen aus dem Jahre 1957 wurde abgeschlossen. Die Stromregistrierungen aus der südwestlichen Nordsee aus den Jahren 1951 bis 1955 wurden in der Reihe "Meereskundliche Beobachtungen und Ergebnisse" veröffentlicht.

Die Feuer- und Handelsschiffe wurden weiterhin mit Meßgeräten ausgerüstet und die Ausführungen der Beobachtungen überwacht.

Die Planung hydrographischer Arbeiten für weitere "Anton Dohrn"-Fahrten im Jahr 1959 sowie Vorarbeiten für eine internationale Untersuchung der Überströmung des Island-Färöer-Rückens, die für Juni 1960 mit 8 Forschungsschiffen geplant ist, wurden weitergeführt.

3. Physikalische Meereskunde und Meßgeräte

Die während der Forschungsfahrten ausgeführten physikalischen Untersuchungen wurden bereits erwähnt. Vorbereitung, Erprobung und Instandhaltung der auf "Gauss" und "Anton Dohrn" eingesetzten Meßgeräte, insbesondere der GEK-Strommesser, des Schleppgerätes, der Leitfähigkeitsmeßapparaturen und der Temperatur- und Trübungsmeßgeräte nahmen den Hauptteil der Berichtszeit in Anspruch.

Das Schleppgerät "Delphin" zur Registrierung der vertikalen Temperaturverteilung in der oberflächennahen Schicht vom fahrenden Schiff aus wurde während der Atlantik-Untersuchungen über eine Strecke von etwa 1500 sm eingesetzt und hat zufriedenstellend gearbeitet. Bei voll laufendem Schiff und starken Temperaturänderungen ist die Hysteresis der Temperaturmeßeinrichtung noch zu groß. Verbesserungen sind in Arbeit. Die neu berechnete Steuerkurve hat sich bewährt. Es wurde eine maximale Tiefe von 95 m erreicht.

Drei Registrierdruckwerke für Bifilarstrommessungen wurden in der Versuchswerkstatt fertiggestellt. Das Strommeßgerät kann an einen Kreiselkompaß angeschlossen werden und druckt die wahre, auf geographisch Nord bezogene Stromrichtung zusammen mit den Meßwerten für die Geschwindigkeit und die Zeit auf einen Registrierstreifen. Bei Schiffen ohne Kreiselkompaß kann der Schiffskurs von Hand nach dem Magnetkompaß eingestellt werden. Das Gerät wurde erprobt und hat sich bewährt.

Die Bearbeitung des umfangreichen Beobachtungsmaterials des IGJ wurde in Angriff genommen. Eine besondere Hilfe bedeutete es, daß Mr. Schleicher (Woods Hole) sein Leitfähigkeitsmeßgerät, mit dem er während der Herbstfahrt auf "Anton Dohrn" den Salzgehalt von über 3000 Wasserproben bestimmt hatte, dankenswerterweise auch für die Bearbeitung der auf der Herbstfahrt von "Gauss" gewonnenen 2800 Proben noch zur Verfügung stellte. Dadurch konnte erhebliche Zeit eingespart werden. Ein Nachbau dieses Salinometers ist geplant und eingeleitet.

Die in den letzten Jahren begonnenen und im Berichtsjahr veröffentlichten theoretischen Untersuchungen (S. 72 ff.) über Diffusionsvorgänge im Meer wurden fortgesetzt. Die Theorie konnte erweitert und an einigen neueren Beobachtungen geprüft und bestätigt werden.

4. Chemie und Radioaktivität des Meerwassers

Vorbereitung und Durchführung der chemischen Beobachtungen auf den Forschungsfahrten des IGJ sowie der Beginn der Materialaufarbeitung bestimmten im Berichtsjahr auch weitgehend die Arbeiten des Chemischen Dezernats. Insgesamt wurden 8 489 Sauerstoffbestimmungen, davon 4403 auf "Gauss" und 4086 auf "Anton Dohrn" ausgeführt.

Von den 12000 Wasserproben, die im Chemischen Laboratorium auf ihren Salzgehalt untersucht wurden, stammt etwa 1/4 von den Forschungsfahrten, der Rest von den deutschen Feuer- und Handelsschiffen. Etwa die Hälfte wurde mittels Titration, die andere Hälfte durch Dichtemessungen untersucht. Außerdem wurden an einer Reihe von Wasserproben Parallelbestimmungen des Salzgehaltes mittels Titration, Dichtemessungen mit dem Torsionswaagenaräometer und Leitfähigkeitsmessungen durchgeführt, um die Genauigkeit der beiden Untersuchungsmethoden vergleichen zu können.

476 Wasserproben wurden auf den Forschungsfahrten zur Messung von organischem Kohlenstoff für die Zoologische Station Den Helder, 6 Ballons mit 50 l atlantischem Oberflächenwasser zur Bestimmung des ^{14}C-Gehaltes für das Physikalische Institut der Universität Heidelberg gesammelt.

Die praktischen Arbeiten zur Überwachung des Meerwassers auf radioaktive Beimengungen konnten vor allem mangels geeigneter Arbeitsräume noch immer nicht aufgenommen werden. Die Planung eines geeigneten Laborgebäudes ist abgeschlossen, doch stehen hierfür noch keine Mittel für den Bau zur Verfügung. So beschränkte sich die Tätigkeit bisher auf die Beschaffung der ersten Geräteausrüstung und die Bearbeitung der einschlägigen Literatur.

5. Geologie und Morphologie des Meeresbodens

Die Bearbeitung der in der Grundprobensammlung des geologischen Dezernats vorhandenen Bodenproben aus der mittleren und nördlichen Nordsee wurde abgeschlossen und die aus diesem Material gewonnenen Feststellungen über die Bodenbeschaffenheit dem Seekartenwerk zur weiteren Verwendung - insbesondere zur Ergänzung der Angaben in der deutschen "Fischereikarte der Nordsee" (D.112 F) - zugänglich gemacht.

Die Ergebnisse der an einem sehr umfangreichen Material durchgeführten sedimentpetrographischen und mikrofaunistischen Untersuchungen aus der südlichen Nordsee wurden in Karten und Schnitten dargestellt und für eine Veröffentlichung vorbereitet. Weiter wurden spezielle Untersuchungen über die Verbreitung der Mikrofossilien zwecks Charakterisierung der verschiedenen Faziesbereiche im Gesamtnordseegebiet durchgeführt.

Die geologische Sammlung hatte - im wesentlichen aus den Vermessungsgebieten - einen Zuwachs von etwa 275 Grundproben. Diese wurden aufbereitet. Es steht jetzt unter Hinzuziehung der in den vergangenen Vermessungsperioden gesammelten Bodenproben so viel Material zur Verfügung, daß eine Bearbeitung im Hinblick auf Veränderungen in einzelnen Gebieten des Küsten- bzw. Inselvorfeldes sinnvoll erscheint.

Die in den letzten Jahren aus dem Bereich des Island-Färöer-Rückens, der Gewässer um Island und Süd-, bzw. Südost-Grönland gesammelten Bodenproben wurden zum größten Teil analysiert. Das Material reicht für eine flächenhafte Darstellung der Bodenverhältnisse im Bereich der geplanten Fischereikarten noch nicht aus, doch werden die Bodenangaben als solche Verwendung finden. Das Gleiche gilt für eine Anzahl von Proben aus der mittleren und westlichen Barentssee.

6. Meereis

So wie der Winter 1956/57 war auch der Winter 1957/58 an den deutschen Küsten ein verhältnismäßig eisarmer Winter. Im Gegensatz dazu trat im Finnischen und Bottnischen Meerbusen mehr Eis auf als in normalen Jahren. Dementsprechend wurden in den schriftlichen Eisberichten diese eisreichen Gebiete besonders eingehend behandelt. Durch einen weiteren Ausbau des Nachrichtenaustausches mit dem finnischen und schwedischen Eisdienst wurde dies ermöglicht. Insgesamt veröffentlichte der Eisdienst in der Zeit vom 28.Nov. 1957 bis 3.Juni 1958 150 schriftliche Eisberichte und 46 Eisübersichtskarten. Die Auflagezahl stieg auf 260 Stück. 510 telephonische Eisauskünfte wurden gegeben und 22 schriftliche Gutachten über Eis- und Schifffahrtsverhältnisse ausgearbeitet.

Der Austausch der Eismeldungen mit den Eisdiensten der Nordsee-und Ostseestaaten erfolgte auf den üblichen internationalen Verbindungswegen, wobei auch im letzten Winter das Seewetteramt Hamburg wieder in dankenswerter Weise die Benutzung des meteorologischen Fernschreibnetzes ermöglichte. Die für die Eisvorhersage wichtigen Untersuchungen über die Zusammenhänge zwischen dem Eisauftreten und den meteorologischen und hydrographischen Faktoren wurden, soweit der praktische Eisdienst dazu Zeit läßt, fortgesetzt. Die Ergebnisse dieser Untersuchungen finden ihren praktischen Niederschlag in den schriftlichen Eisberichten.

Obgleich die Eisverhältnisse der Nord- und der Ostsee das eigentliche Arbeitsgebiet des Eisdienstes sind, nehmen die Anfragen über die Eisverhältnisse außereuropäischer Gewässer, insbesondere der Gewässer um Kanada und Grönland zu. Es muß deshalb von seiten des Eisdienstes auch diesen Gewässern ein gewisses Interesse entgegengebracht werden, wenn auch die Arbeitskräfte nicht ausreichen, um die außerhalb der Nord- und der Ostsee gelegenen Gebiete in wünschenswerter Weise zu bearbeiten.

7. Erdmagnetismus

a) im Observatorium Wingst erfolgten die Terminbeobachtungen wie in den Vorjahren. Eine Übersicht über die Variometersysteme, deren Registrierungen im Internationalen Geophysikalischen Jahr verfügbar sind, ist im Jahresbericht Nr. 12, 1957, S. 30 gegeben worden.

Die Zusammenarbeit innerhalb der "Arbeitsgemeinschaft Ionosphäre der deutschen geophysikalischen Institute" und der "URSI" ist gemäß den Erfordernissen des IGJ fortgeführt worden. Das Observatorium Wingst erhielt vom Fernmeldetechnischen Zentralamt der Bundespost täglich ein Telegramm, das die Warnmeldungen der Weltzentrale Belvoir, USA nach besonderen Vorkommnissen auf der Sonne enthält. Während der "Speziellen Weltintervalle" wird die Registrierung der Hauptvariometer zusätzlich mit einem schnellen Papiervorschub von 60 mm/h aufgezeichnet, so daß die wichtigsten magnetischen Großstörungen zeitlich gut aufgelöst worden sind.

Die Registrierungen des Observatoriums Wingst werden den Sammelzentren für das IGJ zur Verfügung gestellt. Das Dezernat ist in der Kommission für ionosphärische Radioelektrizität der URSI und in vier Kommissionen der Internationalen Assoziation für Erdmagnetismus und Aeronomie vertreten.

Die Basiswerte des Observatoriums Wingst sind außer mit den deutschen Stationen Niemegk und Fürstenfeldbruck auch mit den Stationen Dourbes (Belgien), Rude Skov (Dänemark) und Witteveen (Holland) verglichen.

Stationen	1958	Instrumente/Beobachter
Wingst - Witteveen	April	QHM des Obs.Wingst, Voppel
Dourbes - Witteveen - Wingst - Rude Skov	Mai/Juni	QHM des Obs.Dourbes, Prof. Lahaye, Dourbes
Niemegk - Wingst - Rude Skov	Juli	QHM der IAGA, Prof.Fanselau u. Dr.Wiese, Niemegk
Wingst - Fürstenfeldbruck	November	QHM des Obs.Wingst, Voppel
Rude Skov - Witteveen - Wingst	Dezember	QHM der IAGA, Observatorium der drei Stationen

Diese Vergleiche mit Quarz-Horizontal-Magnetometern (QHM) werden vom Committee 7 der "International Association of Geomagnetism and Aeronomy" (IAGA) gefördert, um die Basiswerte der Stationen auf den "Internationalen Magnetischen Standard" abzugleichen.

Die seit dem Jahre 1955 durchgeführten Basisvergleiche mit den Observatorien Rude Skov, Niemegk, Fürstenfeldbruck und Wien - Koblenz über monatlich 10 Momentanwerte in ruhigen Nachtstunden wurden fortgesetzt. Seit 1958 ist auch Witteveen daran beteiligt. Um die Zuverlässigkeit dieser Vergleiche weiter zu sichern, wurde im Berichtsjahr ein QHM des Observatoriums Wingst sechsmal in regelmäßigen Zeitabständen von Wingst nach Niemegk und zurück gegeben, so daß mit demselben Instrument abwechselnd in Wingst und Niemegk gemessen werden konnte. Die Ergebnisse dieser Vergleiche liegen noch nicht vor.

Meereskunde und Erdmagnetismus

Die Bearbeitung des Doppeljahrbuches Nr. 10, 1955/56 ist abgeschlossen. Das Magnetogrammheft 1956 ist erschienen. Wie in den Vorjahren wurde monatlich ein Bericht über die erdmagnetische Aktivität herausgegeben und an 75 Stellen des In- und Auslandes verschickt. Eine laufende Berichterstattung erfolgte außerdem in den "Ionosphärenberichten" des 10-tägigen deutschen Wetterberichtes; diese Berichte werden den "Medizin-Meteorologischen Ergänzungen des Deutschen Wetterdienstes" beigelegt.

Im Observatorium Wingst wurden im Berichtsjahr neben anderen Instrumenten zehn transportable erdmagnetische Variographen der Askania-Werke nachjustiert, geprüft und attestiert.

Kopien der Magnetogramme erhielten laufend das Geophysikalische Institut der Universität Göttingen, das Erdmagnetische Observatorium Niemegk, das Fernmeldetechnische Zentralamt der Bundespost in Darmstadt und auf Anforderung auch andere Institute des In- und Auslandes.

b) <u>Erdmagnetische Kartographie</u>: Für die "Ergebnisse der erdmagnetischen Beobachtungen" des Observatoriums Wingst erhält das Institut im Tauschverkehr von ausländischen Stationen genügend Zahlenmaterial, um der Seefahrt hinreichende Angaben zu machen, und zwar für die Isogonenkarten, für die Textbeiträge in den Seehandbüchern und für die Rosenangaben auf den Seekarten.

Für die Herausgabe von 102 Seekarten wurden 401 Mißweisungsangaben geliefert und 78 "Gebiete unsicherer Mißweisung" bearbeitet. Für die Neuauflagen der Seehandbücher 2003 "Ostsee, südlicher Teil", 2025 "Nord- und Westküste Spaniens" und 2048 "Westindien, I.Teil" wurden die erdmagnetischen Beiträge und die Mißweisungskarten für 1960 bzw. 1965 gegeben.

Die Kartei der Meßpunkte und der Störungsatlas für Gebiete unsicherer Mißweisung wurden wie bisher weitergeführt und vervollständigt. Für den Neudruck eines deutschen Atlasses wurde eine Isogonen-Weltkarte 1955 gefertigt; auch Gutachten für Bundesdienststellen, für wissenschaftliche Institutionen des In- und Auslandes und für Firmen und Privatpersonen wurden in etwa gleichem Umfang wie im Vorjahr erteilt.

c) <u>Vermessungsaufgaben</u>. Im Rahmen der geophysikalischen Untersuchungen des tieferen Untergrundes der Nordsee wurden im Berichtsjahr fünf Profile bzw. Teilprofile der Vertikalkomponente des erdmagnetischen Feldes vermessen. Ein neuer, verbesserter Schwimmkörper und ein verbessertes Sondenmeßgerät wurden in der Versuchswerkstatt gebaut und erprobt. Es wurden Schwingungsmessungen durchgeführt, um der in Dämpfungsöl schwingenden Sonde eine noch stabilere Vertikallage zu geben. Die Geräte wurden auf See erprobt und haben sich bewährt, so daß nunmehr die Messungen nicht nur bei gestopptem Schiff, sondern auch während der Fahrt durchgeführt werden können. Die Untersuchungen sollen im nächsten Jahr fortgesetzt werden.

Die Versuche, mit einem von Dr. Graf in München entwickelten Seegravimeter Schwere-Messungen auf See durchzuführen, wurden fortgesetzt. Das Gravimeter ist nicht mehr auf den Meeresboden aufgesetzt worden, sondern die Registrierungen erfolgten an Bord. Dazu war das Instrument auf einer kreiselgestützten Stabilisierungsanlage im Drehpunkt des Schiffes aufgestellt worden, so daß auf Profilfahrten die Schwere laufend registriert werden konnte.

In Zusammenarbeit mit dem Geophysikalischen Institut der Universität Göttingen und dem Erdmagnetischen Observatorium Fürstenfeldbruck der Universität München wurden die Registrierungen des erdmagnetischen Feldvektors auf "fliegenden Stationen" im nordwestdeutschen Raum fortgesetzt. Die Deutsche Forschungsgemeinschaft stellte dafür ein zweites Gerät zur Verfügung, und der Variograph des Observatoriums Fürstenfeldbruck wurde im Herbst 1958 übernommen, so daß z.Zt. drei Variographen auf einem zweiten Nord-Süd-Profil betreut werden. Es wird die örtliche Verschiedenheit von "Erdströmen" bei erdmagnetischen Bay-Störungen untersucht, die vermutlich durch verschieden gute Leitfähigkeit der oberen Erdschichten gedeutet werden kann. Die Untersuchungen sollen fortgesetzt werden.

8. Statistik

Tabelle 2

Meereskundliche Beobachtungen auf deutschen Feuerschiffen

Feuerschiff	Position		Beobachtungen ausgefallen	Bemerkungen
"Borkum-Riff"	53°45,0'N	6°24,2'E		Oberfläche und wöchentl. 1 Serie
"P 8"	54°16,0'N	7°11,5'E		Oberfläche
"P 12"	54°00,0'N	7°51,5'E	2.9. - 16.9. nicht auf Station	Oberfläche
"Elbe 1"	54°00,0'N	8°10,7'E		Oberfläche
"Weser"	53°51,5'N	7°53,5'E	12.9. - 27.9. keine Strombeobachtung	Oberfläche Strommeßgerät in Verlust geraten
"Flensburg"	54°50,3'N	9°53,8'E		Oberfläche
"Kiel"	54°29,5'N	10°17,3'E		Oberfläche
"Fehmarnbelt"	54°36,0'N	11°09,0'E		Oberfläche und täglich 1 Serie

Tabelle 3

Statistische Angaben über Feuerschiffsbeobachtungen und Beobachtungen auf der Route Hamburg-Hull 1958

	Feuerschiffe a Nordsee	Feuerschiffe b Ostsee	Route Hamburg-Hull
Strommessungen	20 402	6 570	---
Oberflächenproben	2 777	1 095	434
Serienmessungen	53	364	---
Tiefenproben	265	2 178	---

V. GEZEITEN, NAUTISCHE ASTRONOMIE, ZEITDIENST

1. Gezeiten

a) Laufende Arbeiten und Veröffentlichungen. Die "Gezeitentafeln für das Jahr 1959", Band I: Europäische Gewässer, Band II: Atlantischer und Indischer Ozean, erschienen im September und Juli 1958. Band II enthält erstmalig wieder Angaben für den östlichen Indischen Ozean und für Australien, unterrichtet also nunmehr über die Gezeiten des gesamten Atlantischen und Indischen Ozeans. Mit dieser nicht unbedeutenden Erweiterung ist ein wiederholt erhobener Wunsch der Schiffahrt erfüllt. Die Kalender der "Hoch- und Niedrigwasserzeiten für die Deutsche Bucht und deren Flußgebiete 1959", Gesamtausgabe und vier Teilausgaben, kamen Ende November/Anfang Dezember 1958 heraus. Etwa 50 Privatverlage, darunter auch ausländische, erwarben Rechte zum Abdruck von Gezeitenvorausberechnungen in nautischen Almanachen, größeren Kalendern und Tageszeitungen.

Die Gezeitentafeln 1960 werden in demselben Umfang erscheinen wie der Jahrgang 1959. Einiger Wechsel in den außereuropäischen Bezugsorten nötigte jedoch zu Umarbeitungen im Teil II des Bandes II; dabei hat sich die seit einigen Jahren aufgebaute und laufendgehaltene Kartei der Gezeitengrundwerte wieder als sehr nützlich erwiesen. Die Druckvorlagen für beide Bände des Jahrgangs 1960 waren am Jahresende zu etwa zwei Dritteln fertiggestellt.

Von den ausführlichen Vorausberechnungen 1959 für die deutschen Bezugsorte beruhen die Angaben für Cuxhaven, Hamburg, Bremerhaven, Wilhelmshaven und Emden auf harmonischen Darstellungen der Ungleichheiten in Hoch- und Niedrigwasserzeit und -höhe; die Angaben für die übrigen Orte sind vorläufig noch aus den vorgenannten durch Anbringen nonharmonischer veränderlicher Differenzen abgeleitet. Vom Jahrgang 1961 an werden auch die Vorausberechnungen für Borkum, Norderney, Bremen und Husum nach dem neuen Verfahren angefertigt werden. Mit der Gezeitenrechenmaschine II waren außer den weiter angewachsenen ausländischen Aufträgen, die vorwiegend die Berechnung von stündlichen Wasserständen und von Gezeitenströmen betrafen, verschiedene Probeberechnungen zum Vergleich mit analysierten Wasserständen auszuführen; ferner waren 30 Monatskurven, die die Gezeitenformen veranschaulichen, für Bezugsorte zu zeichnen, die neu in die Gezeitentafeln 1959 aufgenommen oder deren harmonische Gezeitenkonstanten neu ermittelt sind, schließlich verschiedene Schwereberechnungen für geodätische Zwecke.

Wie bisher stellten die Wasser- und Schiffahrts-, Wasserwirtschafts- und Hafenverwaltungen des deutschen Küstenbereichs ihre Wasserstands- und Strombeobachtungen nach Bedarf zur Verfügung. Von rund 100 Pegeln des Gezeitengebietes wurden die Hoch- und Niedrigwasserbeobachtungen laufend gesammelt, dabei die Pegelaufzeichnungen zum Teil gemeinsam mit den Aufsichtsbehörden ausgewertet, sonst deren Wasserstandslisten verwendet. Der mittlere Wasserstand am Pegel Cuxhaven wurde weiter aus Ablesungen stündlicher Wasserstände bestimmt.

Zahlreiche Auskünfte und Gutachten waren an Schiffahrtskreise, Seeämter, Gerichte und Privatpersonen zu erteilen.

b) Besondere Arbeiten. Die Verfahren, die zur harmonischen Analyse stündlicher Gezeitenwerte und von Hoch- und Niedrigwassern sowie zur unmittelbaren Vorausberechnung der Hoch- und Niedrigwasser mittels Lochkartenmaschinen während der letzten zehn Jahre eingeführt worden sind, dürfen als durchentwickelt gelten. Anhand einiger Analysen von monatlichen Schweremessungen, die für das Deutsche Geodätische Forschungsinstitut ausgeführt wurden, konnte nachgewiesen werden, wie sehr sich möglicherweise die Ergebnisse der üblichen Rechenverfahren von denen der strengen Ausgleichung bei starker Streuung der Beobachtungen unterscheiden. Als vorläufiger Abschluß dieser Entwicklungsarbeiten sind die Matrizen und Kehrmatrizen der Gleichungssysteme mit 65 und 64 bzw. 45 und 44 Unbekannten endgültiger Wahl für einjährige Beobachtungen stündlicher Wasserstände bzw. 19-jährige Beobachtungen der Hoch- und Niedrigwasser nochmals von Grund auf neu berechnet worden.

Im Laufe des Jahres befanden sich harmonische Analysen von 45 Jahrgängen stündlicher Wasserstände in- und ausländischer Häfen in Bearbeitung. Als Unterlagen zur Vorausberechnung der Gezeiten bei Bremen (Oslebshausen), Norderney und Borkum wurden die harmonischen Darstellungen der Hoch- und Niedrigwasser-Ungleichheiten nach den Beobachtungen der Jahre 1937-55 bzw. 1938-56 berechnet.

Das Tafelwerk, das die langperiodischen Änderungen und astronomischen Argumente von 81 Tiden für die Jahre 1900-1999 angibt und auf der VII. Internationalen Hydrographischen Konferenz zum allgemeinen Gebrauch angenommen wurde, erhielt noch einige ergänzende Hilfstafeln sowie eine ausführliche Einleitung und kann zu Anfang des Jahres 1959 in Druck gegeben werden.

Zur Laufendhaltung der Gezeitentafeln und -kalender sowie auf Wunsch verschiedener Wasser- und Schiffahrtsämter sind die nonharmonischen Gezeitengrundwerte für sämtliche Pegel der Elbe und ihrer Nebenflüsse unterhalb Stadersand, für 7 Pegel der unteren Ems und für 2 Pegel der Hunte aus ein- bis dreijährigen Beobachtungen durch Anschließen an die Bezugspegel neu ermittelt worden. Es handelte sich um insgesamt 182 Werte und 100 Fourier-Darstellungen halbmonatlicher Ungleichheiten. In diesem Zusammenhang wurden die Zeit- und Hubzonenkarten zur Lotungsbeschickung für zwei Abschnitte der unteren Ems neu angefertigt.

Die bisher üblichen Gezeitenkarten von Schelfmeeren sind jeweils für eine einzelne harmonische Tide und unter vereinfachenden Annahmen, die ein bestimmtes Konstruktionsverfahren zulassen, enthalten. Die Angaben dieser Karten weichen infolgedessen zum Teil nicht unerheblich selbst von den Mittelwerten der tatsächlichen Gezeiten ab, mit denen der Nautiker rechnen muß. Zum Entwurf einer Gezeitenkarte der Nordsee, des Kanals und der britischen Gewässer, die mit aller gegenwärtigen Kenntnis der mittleren Gezeiten zur Springzeit übereinstimmt, sind entsprechende Arbeitskarten angelegt und die Gezeitengrundwerte eingetragen worden.

Die 13 Gezeitenstromkarten der Deutschen Bucht, von denen erstmalig ein Abdruck in der neuen Ausgabe des "Nordsee-Handbuchs, östlicher Teil" erschien, konnten bis zum Jahresende um zahlreiche Angaben ergänzt werden. Die ergänzten Karten werden entweder für eine spätere Neuausgabe des Handbuchs oder im Bedarfsfalle für einen Sonderdruck größeren Maßstabs dienen.

In den 13 Arbeitskarten, die den 13 Hauptkarten des "Atlas der Gezeitenströme für die Nordsee, den Kanal und die britischen Gewässer" zugrunde liegen, wurden die Angaben für die östliche und südliche Nordsee nach neueren eigenen Strommessungen im Hinblick auf die im nächsten oder darauf folgenden Jahr vorgesehene Neuausgabe überarbeitet. Sonstige Änderungen, die vorwiegend durch neue ausländische Unterlagen erforderlich geworden sind, wurden durch Nachrichten für Seefahrer bekanntgegeben.

Als Beiträge zu neuen Seehandbüchern wurden geliefert: außer den erwähnten 13 Gezeitenstromkarten der Deutschen Bucht 2 Gezeitenkarten und die Abschnitte über Gezeiten, Kartennull, Einfluß des Windes auf die Wasserstände und über Gezeitenströme für den Allgemeinen Teil sowie die Gezeiten- und Gezeitenstromangaben für die Küstenkunde des Nordsee-Handbuchs, östlicher Teil; 3 Gezeitenkarten, 8 monatliche Gezeitenkurven mit Weiserkarte sowie die Abschnitte über Gezeiten und Gezeitenströme für den Allgemeinen Teil und die Gezeiten-, Gezeitenstrom- und Strömungsangaben für die Küstenkunde des Westindien-Handbuchs, I.Teil; 2 Gezeitenkarten und die Abschnitte über Gezeiten- und Gezeitenströme für den Allgemeinen Teil sowie die Gezeiten- und Gezeitenstromangaben für die Küstenkunde des Handbuchs der Nord- und Westküste Spaniens und der Küste Portugals; die Angaben über Gezeiten, Marobbio, Gezeitenströme und Strömungen für die Küstenkunde des Mittelmeer-Handbuchs, I.Teil.

Um nach den Regeln der Ausgleichsrechnung in Formeln zu fassen, wie der quasistatische Windstau bei Cuxhaven von dem Druckfeld über der Nordsee abhängt, sind für rund 4 000 aufeinanderfolgende Hochwasser die Luftdruckwerte von 4 Eckpunkten der Nordsee zu je 8 zugeordneten Terminen abgelesen worden. Sie sollen zusammen mit den entsprechenden Werten des mittleren Windes über der Deutschen Bucht in Lochkarten übertragen werden. Die beabsichtigte Ausgleichung wird möglicherweise einigen Anhalt für die Größe des Schubspannungskoeffizienten außerhalb der Wattgebiete geben. Für die weitere Zukunft in Aussicht genommen ist eine kombinierte Ausgleichung stündlicher Wasserstände als Superposition von Gezeiten und Windstau. Nach den bisherigen statistischen Methoden wurde ferner untersucht, wie der quasistatische Windstau bei Cuxhaven zur Niedrigwasserzeit vom mittleren Wind über der Deutschen Bucht abhängt. Es ergab sich für die verschiedenen Windrichtungen eine auffällige Abhängigkeit von den mittleren Wassertiefen der überstrichenen Gebiete, der weiter nachgegangen werden soll. Daneben galt besondere Aufmerksamkeit den Ausnahmefällen, in denen der Stau sich nicht quasistationär verhält. Eine fortschreitende Welle, die, durch einen Luftdrucksprung verursacht, von der englischen Küste bis in die Deutsche Bucht vordrang, konnte im einzelnen nachgewiesen werden.

c) Lochkartenstelle. Die laufenden Arbeiten zur maschinellen Aufbereitung der deutschen Seeverkehrsstatistik für Zwecke des Bundesverkehrsministeriums umfaßten die Anfertigung von 324 Einzelübersichten des monatlichen Schiffs- und Güterverkehrs in den Seehäfen des Bundesgebietes sowie von 20 Übersichten für die Jahresstatistik 1958. - Vom neuen Jahre an werden ferner für die Hauptverwaltung der Betriebskrankenkasse des Bundesverkehrsministeriums die monatlichen Abschlüsse der Gesamtkasse und der einzelnen Betriebsstellenkassen regelmäßig bearbeitet und aufgestellt werden. - Zur Entlastung der DHI-Verwaltung wurden ferner seit dem Berichtsjahr die Monats- und Jahresgehälter sowie Abzüge für die Beamten und Angestellten des Instituts gebucht und tabelliert.

An größeren wissenschaftlichen Aufgaben sind ausgeführt worden:

Zur harmonischen Analyse von Hoch- und Niedrigwasserungleichheiten nach der Methode der kleinsten Quadrate die Berechnung der Koeffizienten zweier Systeme von Normalgleichungen mit 44 bzw. 45 Unbekannten und die unbestimmte Auflösung dieser Systeme, das Lochen und Prüfen von 73 272 Beobachtungswerten, die Berechnung der rechten Seiten (aus je 6 689 Fehlergleichungen) von 8 Systemen von Normalgleichungen der genannten Art, die Auflösung dieser Gleichungen mittels der vorhandenen Kehrmatrizen und die Berechnung der Quadratsummen der Beobachtungen.

Zur harmonischen Analyse stündlicher Wasserstände eines Jahres nach der Methode der kleinsten Quadrate die Berechnung der Koeffizienten zweier Systeme von Normalgleichungen mit 64 bzw. 65 Unbekannten und die unbestimmte Auflösung dieser Systeme, das Lochen und Prüfen von 8 857 Beobachtungswerten, die Berechnung der rechten Seiten (aus je 8 857 Fehlergleichungen) von 32 Systemen von Normalgleichungen der genannten Art, die Auflösung dieser Systeme mittels der vorhandenen Kehrmatrizen und die Berechnung der Quadratsummen und Beobachtungen.

Für das Deutsche Geodätische Forschungsinstitut die harmonische Analyse von zwei Monatsreihen stündlicher Schweremessungen unter strenger Ausgleichung mit einem Ansatz von 17 Unbekannten und bei unbestimmter Auflösung der Normalgleichungen.

Zur Anfertigung der Hoch- und Niedrigwasservorausberechnungen 1961-1963 die Berechnung der mondestäglichen Argumente für die 44 verwendeten periodischen Glieder.

Für das Nautische Jahrbuch 1961 die Interpolation stündlicher Werte nach den Tagesephemeriden von Sonne, Frühlingspunkt, Venus, Mars, Jupiter und Saturn.

Für den Zeitdienst die Berechnung der scheinbaren Örter von 145 Zeitsternen des Zenitfernrohrs für das 2.Halbjahr 1958 und das 1. Halbjahr 1959.

Für die Abteilung III die Berechnung von Loran-Hyperbeln für 3 Gebiete des Nordatlantischen Ozeans, die anläßlich des Internationalen Geophysikalischen Jahres vom Vermessungs- und Forschungsschiff "Gauss" befahren wurden.

d) Windstau- und Sturmflutwarndienst. Der Dienst wurde wie bisher unter wetterkundlicher Beratung durch den Deutschen Wetterdienst, Seewetteramt Hamburg, und mit personeller Unterstützung seitens der Abteilung IV durchgeführt. Die Vorhersagen der Hochwasserstände an der deutschen Nordseeküste, bei Emden, Bremen und Hamburg wurden regelmäßig vom Nord- bzw. Westdeutschen Rundfunk im Anschluß an die Nachrichtensendungen gegen 09.00 und 22.00 Uhr verbreitet, "Sturmflutwarnungen" außerdem durch Posttelegramme (im Hamburger Bereich fernmündlich) an einen festen Empfängerkreis, dem nunmehr 195 Behörden und Firmen angehören. - Im Berichtsjahr wurden über den Rundfunk 32 telegraphische und 1 984 telephonische "Sturmflutwarnungen" und "Warnungen an die Schiffahrt" ausgegeben. Einige Ämter erhielten weiterhin telegraphische Vorhersagen stärker erhöhter Niedrigwasser oder stärker erniedrigter Hochwasser. Vom Juli bis September wurden außerdem täglich die Niedrigwasserstände an der Schleswig-Holsteinischen Westküste als Hilfe für eine Luftbildvermessung des Wattgebietes vorhergesagt, die von verschiedenen Dienststellen des Landes Schleswig-Holstein durchgeführt wurde. Der Auskunftsdienst bei Sturmfluten hat sich stärker auf die Beratung auswärtiger Teilnehmer verlagert. Im Ortsbereich wird der Dienst dadurch entlastet, daß der Fernsprechsonderdienst Hamburg die Gezeitenvorausberechnungen und Warnungen unter der Rufnummer 4163 bringt. Für die Schleswig-Holsteinische Ostseeküste wurden eine Warnung über den Rundfunk und 24 telegraphische Warnungen ausgegeben.

Mit den Warndiensten der Niederlande und Englands fand weiterhin ein Austausch von Vorhersagen, Beobachtungen oder Erfahrungen statt.

2. Nautische Astronomie und Navigationsmethoden

Der Jahrgang 1959 des Nautischen Jahrbuchs erschien im Mai 1958. Die Druckvorlage des Nautischen Jahrbuchs 1960 wurde Mitte Dezember fertiggestellt. Die Berechnungen für den Mond nahmen wegen der Umstellung der Unterlagen der astronomischen Rechenbüros auf Inertialzeit mehr Zeit in Anspruch als früher. Auch die Fixsternephemeriden lagen nicht in gleicher Form wie bis 1959 vor, so daß auch hier Umstellungen der Berechnungen nötig wurden. Für Mondfinsternisse und Mondphasen wird mit Rücksicht auf diese Neuerungen die Zeitangabe in Zukunft auf $0{,}1^h$ anstatt wie bisher auf 1^m erfolgen, was für alle Bedürfnisse ausreicht und sicherstellt, daß keine scheinbaren Unterschiede gegen die in Ephemeridenzeit vorliegenden astronomischen Jahrbücher auftreten.

Die sonstigen nautisch-astronomischen Berechnungen betrafen Auf- und Untergänge von Sonne und Mond und einzelne Gestirnspositionen für verschiedene Interessenten, vor allem in Rechtsangelegenheiten. Zusammenstellungen von Auf- und Untergängen für längere Zeiträume wurden außer für das Seewetteramt und für den Gezeitenkalender sowie für einige Zeitungen und Verlage gegeben.

Die einschlägige Literatur des Auslands über eine Automation nautisch-astronomischer Ortsbestimmungen mit neuartigen Rechengeräten wurde durchgearbeitet, eigene Versuche sind aber bei dem fortgeschrittenen Stand der amerikanischen Entwicklungen weder nötig noch sinnvoll.

Der Vergleich der Funkortungsverfahren, den Funkortungsausschuß und Nachrichtentechnische Gesellschaft durchführen, bedingte für das Dezernat auch im Berichtsjahr viel Mitarbeit, da sich bei der Zusammenstellung des abschließenden Berichtes noch viele neue Gesichtspunkte ergaben; die zusammenfassende Einleitung fiel hauptsächlich dem Dezernenten zu, der daneben weiter an den Untersuchungen über die Reichweite und Genauigkeit der Verfahren teilnahm. Die hier geleistete Arbeit bezweckt eine theoretisch einwandfreie Berechnung der Fehlerkreisradien für alle Verfahren, während die bisher vorliegenden Angaben auf Näherungsverfahren oder vereinfachenden Annahmen beruhen, deren Zulässigkeit nun geprüft wird.

Die praktisch an Bord von Seeschiffen erreichbare Genauigkeit und die Folgerungen, die navigatorisch daraus zu ziehen sind, hängen natürlich mit solchen theoretischen Untersuchungen zusammen. Sie müssen außerdem mit anderen Verfahren der Ortsbestimmung, also den astronomischen und terrestrischen, soweit Radar der Ortsbestimmung dient, auch hierzu in Beziehung gesetzt werden; endlich muß die Besteckrechnung nach Kurs und Fahrt in derartige methodische Untersuchungen einbezogen werden. Die auf Grund früherer Beobachtungen vor allem auf dem Fährschiff "Deutschland" gewonnenen Ergebnisse wurden zusammengestellt. Eine Ausdehnung der Versuche war im Berichtsjahr nicht möglich, weil trotz des Entgegenkommens des Bundesministers für Ernährung, Landwirtschaft und Forsten, Unterabteilung Fischwirtschaft, Hamburg, bei den zahlreichen Untersuchungsfahrten für das Geophysikalische Jahr eine für solche Untersuchungen in der Nordsee nötige kurze Fahrt nicht zu Stande kam.

Die Untersuchungen von Abtlg. VI über die Rückstrahlfähigkeit von Radarreflektoren wurde durch theoretische Untersuchungen ergänzt, inwieweit Seegangsreflexe stören. Hierzu liegt umfangreiches amerikanisches Material vor, das über unsere 1954 gewonnenen und mit Prof. Möller erarbeiteten Erkenntnisse hinausgeht, das aber noch viele Fragen offen läßt.

Für eine Statistik von Radarreichweite und Wetter wurden Formblätter gemeinsam mit dem Seewetteramt und Prof. Brocks aufgestellt, die an zahlreiche Schiffe gegeben worden sind.

Der 19. Jahrgang des "Seewart", der im Berichtsjahr erschien, brachte in steigendem Umfang Beiträge von Nautikern aus der Fahrt, vor allem aus dem Gebiet der Küstenkunde. Auch die langsam weiter steigende Bezieherzahl weist auf eine gute Resonanz der Zeitschrift in der Schiffahrt hin.

Die Bestandsaufnahme der noch vorhandenen historischen Instrumente aus der ehemaligen Sammlung der Seewarte wurde abgeschlossen; vor allem auf Grund der dabei erworbenen Kenntnisse konnte das Deutsche Museum bei der Wiedereröffnung seiner Abteilung Schiffahrt beraten werden.

3. Zeitdienst und Chronometrie

a) Allgemeines. Während des ganzen Berichtsjahres nahm der Zeitdienst voll an den Längen- und Breitenbeobachtungen des Internationalen Geophysikalischen Jahres 1957/58 teil. Dank der Zuweisung von Geldmitteln durch den Bund und die Deutsche Forschungsgemeinschaft standen für den tags und nachts durchlaufenden Zeitsignaldienst sowie für die astronomischen Beobachtungen an zwei Instrumenten sechs zusätzliche Stellen für Mitarbeiter zur Verfügung. Infolge Mangels an geeigneten Bewerbern und Krankheit konnte eine dieser Stellen nur während sechs Monaten besetzt werden.

Trotz dieser Personalvermehrung mußten zahlreiche Vorhaben, die insbesondere den weiteren technischen Ausbau des Zeitdienstes betrafen, wegen Mangels an Personal und Zeit zurückgestellt werden.

b) Zeitbestimmung. Am 70 mm-Durchgangs-Instrument wurden bis Mitte April von 6 Beobachtern insgesamt 117 astronomische Zeitbestimmungen angestellt. Mitte April wurde das Beobachtungsinstrument aus dem Betrieb genommen, konnte jedoch erst gegen Ende des Jahres an die Herstellerfirma zur Überholung gegeben werden, da diese bis zu diesem Zeitpunkt langwierige Versuche zur Feststellung geeigneter Stahlsorten für die zu ersetzenden Achszapfen durchführen mußte. Für die Durchgangsbeobachtungen wurde von Ende April an das 90 mm-Durchgangs-Instrument benutzt, das die Hamburger Sternwarte entgegenkommenderweise für die Dauer der Überholung des anderen Instrumentes zur Verfügung gestellt hatte. An ihm wurden bis zum Ende des Berichtsjahres von 7 Beobachtern insgesamt 275 Zeitbestimmungen angestellt. Wie im Vorjahre wurden mit der Hamburger Sternwarte wieder laufend die Ergebnisse astronomischer Zeitbestimmungen und Quarzuhrenkontakte ausgetauscht.

Aus den am 70 mm-Durchgangs-Instrument beobachteten Zeitbestimmungen wurde für die verschiedenen Beobachter die Genauigkeit der Sternnachführung in Abhängigkeit von der Deklination abgeleitet.

Aus den eigenen Zeitbestimmungen am Durchgangs-Instrument wurden durch Anschlüsse einer Quarzuhr der Physikalisch-Technischen Bundesanstalt die jährlichen Schwankungen der Erdrotation für das Jahr 1957 ermittelt.

Das Institut für Angewandte Geodäsie, Frankfurt/Main, führte im Rahmen seiner Programmarbeiten astronomische Längen- und Breitenbestimmungen in Hamburg durch. Zur Erleichterung des Anschlußes wurden die Aufstellungsorte der hierbei benutzten Instrumente in unmittelbarer Nähe der Durchgangs-Instrumente bzw. des photographischen Zenitfernrohrs gelegt.

Gezeiten, Nautische Astronomie, Zeitdienst

Am photographischen Zenitfernrohr (s. Abb.) wurden auf 177 Platten des Formats 5 x 6 cm insgesamt 2 372 Sterne bis $9^m.3$ für Zeit- und Breitenbestimmungen aufgenommen. Bis auf geringfügige Störungen, die in jedem Falle schnell behoben werden konnten, hat das Instrument einwandfrei gearbeitet. Die dazugehörige umfangreiche technische Ausrüstung - Steuer- und Registrieranlagen, die bei der Inbetriebnahme des Instrumentes im September 1957 nur soweit fertiggestellt waren, daß überhaupt Zeit- und Breitenbestimmungen angestellt werden konnten - wurde vervollkommnet, hat jedoch ihren endgültigen Umfang noch nicht erreicht. Für die Aufbewahrung der empfindlichen Spezial-Photoplatten wurde ein kleiner Kühlschrank angeschafft.

Durch Freimachen eines weiteren Raumes im Beobachtungshaus des photographischen Zenitfernrohrs wurde die Möglichkeit geschaffen, nun auch das 70 mm-Durchgangs-Instrument nach seiner Überholung in der gleichen geographischen Länge und fast gleichen Breite aufzustellen und damit eine mit zwei Instrumenten ausgerüstete Beobachtungsstation für den Zeitdienst zu schaffen. Die Planungen hierfür sind beendet, mit den erforderlichen Arbeiten soll im Frühjahr begonnen werden.

Für die Sternwarten Hamburg-Bergedorf und München wurden wie im Vorjahre für die von ihnen beobachteten Programmsterne des photographischen Zenitfernrohrs die Reduktionen vom scheinbaren Ort zur Epoche der Beobachtung auf das Äquinox 1950.0 berechnet (vgl. 1c).

Um einer Klärung des festgestellten systematischen Unterschiedes zwischen den am photographischen Zenitfernrohr und den an den Durchgangs-Instrumenten angestellten Zeitbestimmungen näher zu kommen, wurde die Lotabweichungsdifferenz der beiden Stationen aus den topographischen Massen abgeschätzt.

Die über etwa 14 Monate laufenden Beobachtungen am photographischen Zenitfernrohr wurden im Hinblick auf systematische Fehler des vorläufigen Kataloges vom Typ $\Delta\alpha_\alpha$ bzw. $\Delta\delta_\alpha$ und individuelle Fehler in den Sternörtern bearbeitet. Infolgedessen steht vom Beginn des Jahres 1959 an bereits ein verbesserter Katalog zur Verfügung.

Umfangreiche Untersuchungen befaßten sich mit dem Einfluß verschiedener Faktoren - persönliche Meßfehler bei verschiedenen Genauigkeitskriterien, Helligkeit der Sterne, Benutzung von Blenden, Aufnahme unmittelbar auf die Schicht oder durch die Glasplatte - auf den Platten- bzw. Ausmeßfehler bei den am photographischen Zenitfernrohr gewonnenen Platten.

Im Rahmen einer nach Abschluß des Internationalen Geophysikalischen Jahres geplanten Umgestaltung des Beobachtungsprogrammes für das photographische Zenitfernrohr wurden für 16 neu hinzugenommene Programmsterne die mittleren Örter und Sterngrößen für 1959 und 1960 berechnet und vorläufige Eigenbewegungen abgeleitet.

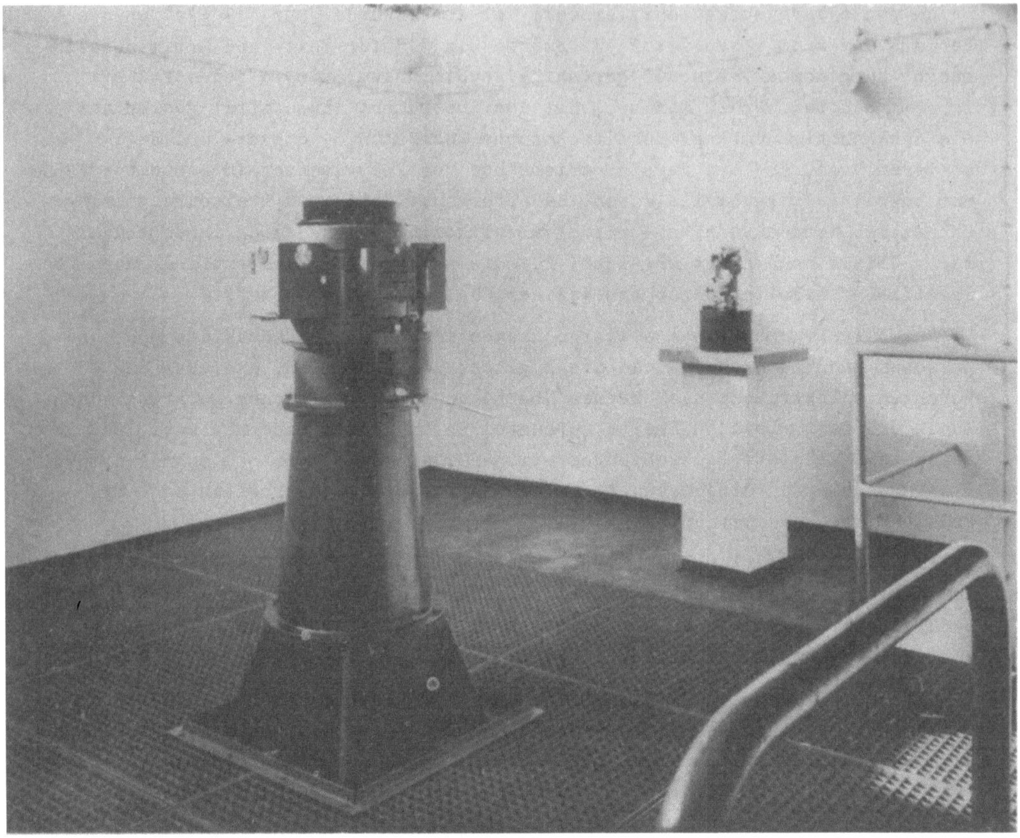

250/3750 mm photographisches Zenitfernrohr für Zeit- und Breitenbestimmungen. Der Zeiss-Theodolith auf dem Meßpfeiler dient zur Ost-West-Orientierung.

c) Zeitbewahrung. Die während des Berichtsjahres im Zeitdienst eingesetzten eigenen 9 Quarzuhren zeigten unterschiedliche Gangleistungen. Zwei der Uhren mußten wegen grober Gangstörungen gegen Ende des Jahres von der Herstellerfirma gründlich überholt werden.

Bei den selbst gebauten Quarzuhren wird vermutet, daß die Gangleistungen von der Stromversorgung abhängen; dieser Mangel konnte jedoch wegen der Inanspruchnahme durch das Internationale Geophysikalische Jahr noch nicht behoben werden. Auch die Quarze für die weiteren vier gleichartigen Uhren konnten noch nicht beschafft werden.

Über eine festgeschaltete Leitung wurden, wie im Vorjahre, laufend Quarzuhrenkontakte und -frequenzen mit dem Fernmeldetechnischen Zentralamt der Deutschen Bundespost in Darmstadt ausgetauscht. Wie bisher wurden wöchentlich zweimal die Kontakte einer Quarzuhr der Physikalisch-Technischen Bundesanstalt, Braunschweig, übertragen und diese Uhr über die Quarzuhren des Instituts an die astronomischen Zeitbestimmungen angeschlossen.

Durch die tägliche Registrierung drahtlos übermittelter Meßmarken einer von der Physikalisch-Technischen Bundesanstalt bei der Funksendestelle Mainflingen betriebenen Steuerquarzuhr für Frequenz- und Zeitzeichenaussendung wurde die Anzahl der dem Zeitdienst insgesamt zur Verfügung stehenden eigenen und fremden Quarzuhren auf 16 erhöht.

Diese Zahl erhöhte sich von Anfang März an weiter dadurch, daß eine neuartige Normalzeitanlage der Firma Rohde und Schwarz, München, zur Erprobung aufgestellt wurde.

d) Zeitkundgebung. Um bei der Aussendung der eigenen Signale über die verschiedenen Sender der Funksendestelle Norddeich eine möglichst gleiche und konstante Leitungsverzögerung zu gewährleisten, wurden umfangreiche Messungen und Versuche angestellt.

Am 1. November wurde die Ausstrahlung des internationalen Hauptsignals von 23.55 Uhr bis 24.00 Uhr MEZ über den Deutschen Langwellensender auf 151 kHz = 1986 m mit einer Sendeleistung von 25 kW aufgenommen.

Die in Gemeinschaft mit der Deutschen Bundespost und der Physikalisch-Technischen Bundesanstalt durchgeführte Ausstrahlung von Sekundensignalen mit Minutenkennung für geodätische Zwecke über den Sender Mainflingen DCF 77 auf 77.5 kHz = 3871 m mit einer Sendeleistung von 12 kW erfolgte bis zum 2. September mit dem Tagesprogramm, vom 3. September bis Jahresschluß mit dem Tag- und Nachtprogramm als Versuchssendung und wird nunmehr nach Genehmigung durch den Herrn Bundesminister für das Post- und Fernmeldewesen am 1. Januar 1959 mit vollem Programm offiziell beginnen.

Die Zusammenstellung der vom Institut täglich abgegebenen Funkzeitsignale - im Winter 24, im Sommer 26 - hat hinsichtlich der Stationen und Sendefrequenzen sowie Sendestärken und -zeiten verschiedentliche Änderungen erfahren. Interessenten stehen auf Anfordern die Signalschemata sowie die jeweils neuesten Zusammenstellungen der Sender, Sendezeiten und Wellenlängen zur Verfügung.

An der laufenden Abgabe der Frequenzen von 440 Hz und 1000 Hz an den Norddeutschen Rundfunk, an der wöchentlich einmaligen Ausstrahlung derselben sowie an der Versorgung mehrerer Dienststellen der Bundespost und der Instrumentenabteilung Nord des Deutschen Wetterdienstes mit 1000 Hz für Meß- und Prüfzwecke hat sich im Berichtsjahr nicht geändert. Die Ausstrahlung der 440 Hz- und 1000 Hz-Frequenz wurde mit Ende des Jahres eingestellt, da die genannten Frequenzen vom 1. Januar 1959 an über den Sender Mainflingen DCF 77 täglich zur Verfügung stehen.

Die Steuerung der Hauptuhr der Bundesbahndirektion Hamburg-Altona, von der sämtliche Bundesbahnuhren abhängen, verlief, ebenso wie die Steuerung der zentralen. Uhrenanlage der Hamburger Hochbahn A.G. und der Hauptuhr einer Hamburger Firma für Schiffs-Chronometer, das ganze Jahr hindurch ohne nennenswerte Störungen. Neu aufgenommen wurde im Berichtsjahr die Steuerung der zentralen Uhrenanlage des Nord- und Westdeutschen Rundfunkverbandes, Abt. Fernsehen.

Die Anzahl der aufgenommenen in- und ausländischen Funkzeitzeichen lag infolge der Teilnahme des Instituts am Internationalen Geophysikalischen Jahr bei über 100 je Tag. Der Austausch dieser an die eigenen astronomischen Zeitbestimmungen angeschlossenen Zeitsignalaufnahmen verblieb mit ca. 125 Interessenten im Rahmen des vorjährigen Austausches.

Die Aufnahme von Funkzeitzeichen, die bisher über einen Impulswandler elektronisch erfolgte, konnte dank der vorübergehenden Aufstellung einer neuartigen Normalzeitanlage (s.o.) gleichzeitig auch mit einem in diese Anlage fest eingebauten Zweistrahl-Oszillographen vorgenommen werden.

Die im Bulletin Horaire erfolgte Veröffentlichung der heure définitive für die ersten Monate des Jahres 1957 ermöglichte eine Untersuchung der Aufnahmegenauigkeit von Zeitsignalen mit Hilfe des Anfang 1957 in Betrieb genommenen Impulswandlers und einen Vergleich mit den Registrierungen auf dem Drehspulschnellschreiber.

e) Zeitmesserprüfdienst. Für die laufende Überwachung der Temperaturen + 4° C, + 20° C und + 36° C in den Prüfabteilen des Zeitmesserprüfdienstes wurde ein Sechsfarben-Temperatur-Schreiber beschafft und installiert, dessen sechster Pfad die Temperatur im Quarzuhrenraum registriert.

Zur Sicherung des Prüfbetriebes wurde mit den Vorarbeiten für die Inbetriebnahme des zweiten Druck-Chronographen begonnen.

Im Berichtsjahr wurden neben 53 Schiffs-Chronometern und 9 Präzisions-Beobachtungsuhren des Instituts 596 Schiffs-Chronometer, 5 Präzisions-Beobachtungsuhren, 23 Armband- und 6 Taschen-Chronometer privater Auftraggeber geprüft und, soweit die Prüfgrenzen eingehalten wurden, mit amtlichen Prüfscheinen versehen.

Institutseigene Schiffs-Chronometer wurden an Reedereien während mehr als 5 800 Tagen vermietet.

VI. NAUTISCHE TECHNIK

1. Nautische Instrumente

a) Kompasse. Die Vorarbeiten für die routinemäßige "dynamische" Prüfung aller dem DHI zur Attestierung eingelieferten Kompasse wurden im Berichtsjahr weitergeführt. Nach umfangreichen Vorversuchen mit Kompassen verschiedener Größe und Herkunft wurde die bei der Prüfung anzuwendende Maximalbeschleunigung vorläufig auf 1/10 Erdbeschleunigung (Scheinlotwinkel 5,7 Grad) festgelegt, was bei ± 1 m Schaukelamplitude einer Vollschwingungsdauer des Schaukelgerätes von 6,2 s entspricht. Dieser an Bord vielfach übertroffene Beschleunigungswert stellt keine extrem hohe Anforderung an den Magnetkompaß dar, genügt jedoch zur Erkennung dynamisch unzulänglicher Rosensysteme. Dementsprechend wird das im Vorjahresbericht erwähnte Schaukelgerät für Prüfstellen durch Veränderung der Basislänge auf die Schwingungsdauer von 6,2 s umgestellt. Für die elektrische Registrierung der Rosenbewegungen, die bei der dynamischen Prüfung der Magnetkompasse auf der Schaukel auftreten, wurde ein vereinfachtes Aufzeichnungsgerät entwickelt, das insbesondere dem Gebrauch bei den Außendienststellen dienen soll. Dieses Gerät unterscheidet sich von dem bisher benutzten durch die einfache Bedienung und durch die Speisung der induktiven Sonde, die hier mit einer 50 Hz-Spannung (Netzfrequenz) erfolgt. Ein Mustergerät mit einem Meßbereich von ± 10 Grad wurde inzwischen fertiggestellt. Von der Möglichkeit einer dynamischen Prüfung ihrer Kompaßtypen beim DHI Hamburg haben bereits einige Kompaßhersteller Gebrauch gemacht.

Auch die Messung magnetischer Schutzabstände fand in steigendem Maße das Interesse der Navigationsgeräte-Industrie, wobei sich einzelne Firmen wiederholter Messungen nach schrittweiser Änderung ihrer Geräte bedienten, um den geringstmöglichen Schutzabstand vom Magnetkompaß zu erzielen. Im einzelnen wurden im verflossenen Jahr die Schutzabstände bestimmt für verschiedene Ausführungen elektrischer Ruderlageanzeiger, für die Mutterkompasse der beiden in Deutschland hergestellten Kreiselkompaßtypen (bei einem hiervon mit und ohne Selbststeueraufsatz), für eine Kreiseltochter und für verschiedene Typen von Kommandolautsprechern.

Durch umfangreiche Laboratoriumsmessungen der kompensierenden Wirkung von Flindersstangen verschiedenen Querschnitts in Längen bis zu 1,20 m wurden die bislang fehlenden Unterlagen für die breitenbeständige Kompensierung auf Schiffen mit besonders hohen B2-Beträgen geschaffen, wie sie bei Kompaßregulierungen auf Neubauten in der letzten Zeit mehrfach angetroffen wurden.

Im Kreiselkompaßprüffeld wurden 138 Kreiselkugeln resp. Trichterschwimmer geprüft, 12 weitere Kreiselkugeln wurden instandgesetzt und geprüft. In 81 Fällen wurden Bordreparaturen an Kreiselkompaß- und MKF-Anlagen auf bundeseigenen Schiffen ausgeführt, zahlreiche Einzelteile für Kreiselkompaß- und MKF-Anlagen wurden instandgesetzt und geprüft.

7 komplette Kreiselkompaßanlagen wurden geprüft; ferner wurden zwei MKF-Anlagen geprüft.

Die Arbeiten zum Bau eines Gerätes zur Messung der erdmagnetischen Deklination auf See konnten so weit gefördert werden, daß die Entwurfszeichnungen der Institutswerkstatt mit dem Auftrag zur Herstellung übergeben werden konnten.

Die Analyse der auf "Gauss" gewonnenen Schiffsbewegungsregistrierungen wurde weitergeführt. Über die Ergebnisse wurde in einem Vortrag vor dem Fachausschuß für die Schiffssicherheit berichtet. Auf Ersuchen des Seewetteramtes wurden mit der für obige Zwecke aufgebauten Apparatur Seegangsregistrierkurven spektral analysiert. Aus den Analysenwerten läßt sich dann leicht das zugehörige Seegangsspektrum gewinnen.

b) Astronomische und optische Geräte. Für die Festlegung der Prüfwerte in den "Zulassungsbedingungen für Positionslaternen" wurden Lichtstärkemessungen an den gebräuchlichsten Positionslaternen mit Petroleumlicht und elektrischen Lichtquellen durchgeführt, um festzustellen, mit welcher Sicherheit die bisher den Prüfungen zu Grunde gelegten Lichtstärken mit den verschiedenen Laternen erreicht werden. Ferner wurde untersucht, ob sich mit diesen Lichtstärken die nach der Seestraßenordnung geforderten Tragweiten bei einem Schwellenwert und Sichtigkeitsgrad erzielen lassen, mit denen man im allgemeinen bei Nacht rechnen kann. Die mit Petroleumlampen ausgerüsteten Laternen erreichen die geforderten Lichtstärken zum Teil nur sehr knapp, während die elektrischen Laternen im Durchschnitt etwa die doppelte Lichtstärke wie die Petroleumlaternen ergeben. Es zeigt sich ferner, daß zur Erfüllung der Tragweitenforderung für alle Typen der Petroleumlaternen bei den erreichbaren Lichtstärken unter Annahme eines Schwellenwertes von 1×10^{-7} Lux ein Sichtigkeitsgrad von 0,9 erforderlich ist. Solche Sichtverhältnisse liegen aber nur etwa in 10% aller Nächte vor, so daß mit Petroleumlampen ausgerüstete Laternen in den meisten Nächten eine geringere Tragweite als die geforderte aufweisen. Die gleichzeitige Verwendung von Petroleumlampen und elektrischen Glühlampen in denselben Laternen bringt so viel Unstimmigkeiten mit sich, daß Kompromisse bezüglich der zu erzielenden Tragweite unvermeidbar sind. In verschiedenen Besprechungen mit Fach-Behörden des In- und Auslandes wurde darüber diskutiert, ob es sinnvoll sei, für die den verschiedenen Zwecken dienenden Laternen in der Seestraßenordnung eine bestimmte Tragweite zu fordern. Da diese bekanntlich auch bei internationaler Festlegung des Schwellenwertes und des Sichtigkeitsgrades nicht eindeutig definierbar ist, sollte eine Mindestlichtstärke festgelegt werden, die jederzeit durch Messung nachgeprüft werden kann. Die Mindestlichtstärke muß so festgesetzt werden, daß auch für Petroleumlaternen die bisher geforderten Tragweiten unter günstigen Sichtbedingungen erreicht werden.

Eine Nachprüfung der an verschiedenen Stellen eingesetzten Farbglasprüfgeräte durch jeweilige Messung von 5 Mustergläsern verschiedener Farbe, deren Farbmaßzahlen spektralphotometrisch bestimmt worden waren, zeigte, daß die Geräte auch nach jahrelanger Betriebszeit ihre Meßgenauigkeit im allgemeinen gehalten haben. Wenn die Geräte nur zur Messung und Prüfung der in Positionslaternen zum Einsatz kommenden Farbgläser benutzt werden, empfiehlt sich die Verwendung getrennter Eichkonstanten für die verschiedenen Farben. Dadurch lassen sich auch blaue Gläser ohne zusätzliche Ausrüstung der Geräte mit einem 4. Filter messen.

Für einige Außendienststellen des DHI wurde die Ausrüstung der Laternenprüfräume mit objektiven Photometern vorbereitet. Zu diesem Zweck wurden Filter zur Anpassung der Selenphotoelemente an die Augenempfindlichkeit im eigenen Laboratorium angefertigt. Die für die verschiedenen Laternen erforderlichen Meßwerte wurden für die Farbtemperaturen 2000 Grad K und 2360 Grad K festgelegt.

c) Lote und Logge. Für die "Gauss"-Forschungsfahrten im Rahmen des IGJ wurde eine neue Tiefsee-Lotanlage mit Schreibanzeige erstellt, die mit einer von einem Röhrengenerator gelieferten Schallfrequenz von 12 kHz arbeitet. Das Hauptaugenmerk wurde auf die Erhöhung der Meßgenauigkeit gerichtet, die weitgehend von der Drehzahl und Drehzahlkonstanz des Antriebsmotors für den Schreibgriffel abhängt. Die dazu bereits im Vorjahre versuchsweise eingesetzten Hilfseinrichtungen (Spannungskonstanthalter und Frequenzzeiger) wurden im Laboratorium mit Hilfe eines elektronischen Zählgerätes unter Verwendung der DHI-Normalfrequenzen eingehend geprüft. Während beider "Gauss"-Fahrten von je etwa zwei Monaten Dauer hat das Gerät ohne nennenswerte Ausfälle nahezu ununterbrochen gearbeitet und dabei alle angetroffenen Tiefen bis um 5000 m zuverlässig geschrieben.

Auf der ersten Fahrt wurde gleichzeitig ein weiteres neuentwickeltes Schreibgerät erprobt. Bei diesem Gerät läuft der Schreibgriffel nicht kontinuierlich um, sondern springt nach Durchlaufen der Meßstrecke sofort auf Null zurück. Dadurch wird die Lotpause wesentlich verkürzt und die Lotfolge kann um ein Mehrfaches erhöht werden. Außerdem besteht die Möglichkeit, dieses Gerät parallel zu einer vorhandenen Echolotanlage als Tochterschreiber zu betreiben, so daß interessante Zwischenbereiche - wie Streuschichten, Fischschwärme u.dgl. - unabhängig von der Bodenanzeige in größerem Maßstabe aufgezeichnet werden können.

Versuche mit der Horizontallotanlage auf VS "Süderoog" ergaben, daß nach Einbau einer Nahbereichs-Einrichtung alle Peilobjekte von einer Entfernung ab 20 m bis zum Ende des Meßbereichs auf dem Sichtrohr sicher angezeigt wurden. Das langnachleuchtende Sichtrohr erleichtert nicht nur die Ablesung der Entfernung auf der Skala, es erlaubt auch, Schlüsse auf die Art des Peilobjektes zu ziehen.

d) Verschiedenes. Nach eingehenden Untersuchungen und längeren Kontrollbeobachtungen an den elektronischen Kontaktgebern des Dezernates "Zeitdienst" wurden Verbesserungen angebracht, durch die ein sicheres Arbeiten der Geräte erreicht wurde.

Zahlreiche Besucher aus dem In- und Ausland wurden teils einzeln, teils in Gruppen über die Arbeiten und die Laboratoriumseinrichtungen der Abteilung unterrichtet.

Mehrere Studierende absolvierten in den Laboratorien während der Semesterferien einen Teil ihrer obligatorischen Praktikantenzeit und leisteten dabei willkommene Hilfe.

Das Dezernat war in verschiedenen Fachausschüssen einschlägiger Arbeitsgebiete tätig.

2. Funktechnische Hilfsmittel der Navigation

a) Typenprüfung und Einzelprüfung von Ortungsfunkanlagen. Die Baumusterprüfungen von Ortungsfunkanlagen und die Erteilung der Zulassungen wurden in Zusammenarbeit mit der Deutschen Bundespost fortgesetzt. So erhielt die Radaranlage Terma IB der dänischen Firma Elektronisk Industri A/S, Aarhus, nach Abschluß der Erprobung die Zulassung zum Einbau und Betrieb auf deutschen Seeschiffen. Die auf dem Fährschiff "Schulau" der Lühe-Schulau-Fähre-G.m.b.H. bisher befristet zugelassene Radaranlage Terma-Pilot der gleichen Firma wurde für den vorgesehenen Einsatzzweck unbeschränkt zugelassen. Die gleiche Anlage wurde einer nautisch-technischen Baumusterprüfung im Hinblick auf ihren Einsatz für See- und Binnenschiffe unterzogen, die noch durch die Bestimmung der magnetischen Schutzabstände und die postalische Prüfung beim Fernmeldetechnischen Zentralamt, Darmstadt, ergänzt werden muß.

Für die beantragte Zulassung der RCA-Radaranlage CR-107, für die ein Zertifikat der Federal Communications Commission (FCC), Washington, vorlag, wurde eine verkürzte Baumusterprüfung durchgeführt, da die Erfüllung der an das Gerät gestellten nautisch-technischen Forderungen durch das Zertifikat der FCC nicht festgestellt wird. Auf Grund der bei der Baumusterprüfung erzielten Ergebnisse wurde die Erteilung der Zulassung befürwortet.

Die Loran-Empfangsanlagen APN 9 sowie die Type LR 8803 der Firma RCA erhielten die endgültige Zulassung. Die speziell für die Seeschiffahrt entwickelte Edo-Loran-Anlage 262 und 262A wurde zunächst befristet bis 31.12.1959 zugelassen.

Mit Beginn des Jahres 1958 wurde mit der Einweisung des nautischen Prüfpersonals in die Abnahmeprüfung der Ortungsfunkanlagen begonnen. Ab 1.4.1958 werden die nach der Funksicherheitsverordnung vorgeschriebenen Abnahmeprüfungen zunächst erst auf den Schiffsneubauten durchgeführt. Zu diesem Zeitpunkt wurde die Durchführung der Einzelprüfungen der Ortungsfunkanlagen dem Dezernat "Prüfung nautischer Geräte" übertragen. Die Ergebnisse werden zentral gesammelt und hinsichtlich der sich ergebenden Erkenntnisse ausgewertet.

Von den mit Peilfunkanlagen ausgerüsteten Schiffen liegt inzwischen eine ganze Reihe von Funkbeschickungsaufnahmen vor, von denen solche von Schiffen gleicher Größe und Bauart vergleichbare Funkbeschickungswerte ergeben. So zeigen z.B. Küstenmotorschiffe der Größenordnung 500 BRT, Länge etwa 50 m, D-Werte von im Mittel etwa 8 Grad. Schiffe der gleichen Type, die im Gegensatz zu den bisher erwähnten mit zwei Pfahlmasten, die durch eine Traverse verbunden sind, ausgerüstet sind, zeigen durchweg höhere Funkbeschickungswerte (über 14 Grad). In diesen Fällen wird mit Rücksicht auf eine größere Peilgenauigkeit bei Drehrahmenpeilern eine Kompensierung empfohlen, die sich mit verhältnismäßig einfachen Mitteln erreichen läßt. Schon dieses eine Beispiel zeigt, wie wichtig es ist, daß alle Funkbeschickungsaufnahmen zentral ausgewertet werden, da sich dadurch wichtige Erkenntnisse und Forderungen bezüglich des Einbaues und der Aufnahme der Funkbeschickung ergeben.

Bei den Einzelabnahmeprüfungen von Radaranlagen wurde bei der Gesamtauswertung das Hauptaugenmerk auf das Auftreten von Peilfehlern infolge Auswanderns des Bildmittelpunktes bei Kursänderungen des Schiffes gerichtet. Bei Radaranlagen, die eine von außen am Gerät einstellbare Zentrierung des Bildmittelpunktes zulassen, muß festgestellt werden, welcher Betrag der Kursänderung eine solche Verschiebung des Bildmittelpunktes bewirkt, daß eine Nachzentrierung erforderlich wird. Bei Anlagen, die diese Möglichkeit nicht aufweisen, ist die dann erforderliche magnetische Schirmung der Bildröhren inzwischen so ausgeführt, daß bei Vermeidung des Einbaues von magnetischen Geräten in der Nähe des Sichtgerätes praktisch keine Mittelpunktverschiebung bei Kursänderungen auftritt.

Die noch zu erlassenden Richtlinien für die Prüfung und den Einbau von Ortungsfunkanlagen und für die Durchführung der Funkbeschickung wurden aufgestellt und sollen demnächst mit den zuständigen Stellen abgestimmt werden.

b) Consol. Infolge der Teilnahme des VFS "Gauss" an dem Programm des IGJ mußten weitere Versuchsaufgaben im wesentlichen auf interne Arbeiten beschränkt bleiben. Grundsätzlich sind Zähler und Schreiber so weit erprobt, daß nunmehr die Frage der Störanfälligkeit des Consol-Verfahrens behandelt werden kann. Vom neuen amerikanischen CFF Nantucket wurden an Bord des VFS "Gauss" im Atlantik oszillographische Aufnahmen gemacht, aus denen vergleichende Betrachtungen zu den europäischen CFF hinsichtlich der Betriebsbedingungen dieses Zweimast-Consol-Systems angestellt wurden.

c) Funkpeilung. Zur Klärung der Ursachen der auf Schiffen durch Rückstrahler verursachten Peilstörungen im Grenzwellenbereich wurden systematische Untersuchungen mit definierten künstlich am Peilort aufgebrachten halbkreisigen und viertelkreisigen Rückstrahlern ausgeführt, mit denen sich alle an Bord auftretenden Erscheinungen (Kleben und Rückdrehung der Peilung, kreisförmige Aufspaltung) nachbilden lassen. Auf Grund der gewonnenen Erkenntnisse ergeben sich Möglichkeiten der Kompensierung, die man in Bezug auf Phase und Amplitude anbringen muß. So läßt sich auch in Situationen, in denen in bestimmten Frequenzbereichen Peilungen vollkommen unmöglich sind, eine Kompensierung zum mindesten eines eng begrenzten Frequenzbereiches erzielen, so daß damit die Peilmöglichkeit z.B. für die Seenotfrequenz im Grenzwellenbereich auf jeden Fall hergestellt werden kann.

d) Radar-Reflektoren. Vom Fachausschuß 3 des Ausschußes für Funkortung wurde ein Arbeitskreis 4 eingesetzt, durch den die Möglichkeit, geeignete Radarreflektoren für den Seenotrettungsdienst zu erhalten, geklärt und gefördert werden soll. Im Rahmen dieser Aufgabe wurden vom DHI in Zusammenarbeit mit den Firmen, die Radarreflektoren entwickelt oder bereits im Handel befindliche zur Verfügung gestellt hatten, Reichweitenversuche unter vergleichbaren Versuchsbedingungen mit VS "Süderoog" durchgeführt. Als bisheriges Ergebnis ist festzustellen, daß zwei der untersuchten Reflektoren den früher aufgestellten Forderungen bezüglich Auffaß-Reichweite und Gewicht entsprechen. Nach der geplanten Prüfung dieser Reflektoren auf Formbeständigkeit und Zerreißfestigkeit bei größeren Windstärken im Windkanal soll von der Seeberufsgenossenschaft entschieden werden, ob einer dieser Reflektoren vorläufig für den Einsatz auf Rettungsbooten zugelassen werden kann.

3. Prüfung nautischer Geräte, navigatorische Abnahmeprüfungen von Ortungsfunkanlagen, Schiffsmagnetismus und Kompaßregulierungen; nautische Auskünfte

a) Allgemeines. Durch die anhaltende Vergrößerung der deutschen Handelsflotte ergab sich eine weitere Steigerung der durchgeführten Prüfungen nautischer Instrumente und Positionslaternen. Bei gleichem Personalstand konnten diese Arbeiten nur durch Modernisierung der Prüfeinrichtungen und Vereinfachung der Prüfmethoden erledigt werden. Im Berichtsjahr wurden insgesamt 31 915 nautische Instrumente und Positionslaternen geprüft und attestiert. Zurückgewiesen wurden 5883 Instrumente und Positionslaternen. Kompaßregulierungen wurden 975 durchgeführt. An nautischen Auskünften einschließlich der Auskünfte über Eisverhältnisse sind insgesamt 17 504 erteilt worden. Mit der Durchführung der Abnahme- und Nachprüfung von Ortungsfunkanlagen hinsichtlich ihrer navigatorischen Eignung ist am 1.4.1958 begonnen worden. Bisher wurden 236 Anlagen geprüft.

b) Prüfung der Kompasse und Peilgeräte. Attestiert wurden insgesamt 5299 Kompasse und Peilgeräte. 927 Kompasse genügten den Anforderungen nicht und wurden zurückgewiesen. Die Hauptursache für die Zurückweisung der Kompasse war in über 60% der Fälle nicht genügendes Einstellvermögen der Rose infolge Abnutzung von Pinne und Stein, bei ca. 15% dieser Geräte waren die Pinne abgebrochen oder der Stein zerstört. Zurückzuführen sind diese Mängel auf die hohe Beanspruchung der Kompasse durch die starken Vibrationen der modernen Motorschiffe. Die Abschirmung der Kompasse gegen schädliche Vibrationen mittels Federn oder Gummi ist in den meisten Fällen nicht zweckentsprechend. Es wurde deshalb damit begonnen, mit Hilfe von Tastschwingungsschreibern die Vibrationen an den Kompaßständen und -kesseln aufzuzeichnen mit dem Ziel, Material zu gewinnen für die Entwicklung einer geeigneten Vibrationsabschirmung.

Die Gründe der Zurückweisung der übrigen Kompasse waren vor allem nicht einwandfreie Magnetsysteme, beschädigte Rosenblätter, ungenügende kardanische Aufhängung, Verfärbung der Füllflüssigkeit und zu geringes magnetisches Moment. In Einzelfällen war die Betriebssicherheit der Kompasse durch erhebliche Zunahme der Viskosität der Füllflüssigkeit bei Kälte nicht mehr gewährleistet, Nachprüfungen verschiedener Kompaßtypen ergaben einen Ausfall der Kompasse bereits bei -15° bis -20° C. Wege zur Abstellung dieser Mängel sind in Zusammenarbeit mit den Kompaßherstellerfirmen eingeleitet.

c) Prüfung der Barometer und Thermometer. 2177 Barometer und 295 Thermometer wurden geprüft und attestiert, zurückgewiesen wurden 511 Barometer und 29 Thermometer. Von den mit Erfolg geprüften Aneroidbarometern erhielten

3,7%	die Klasse	I	(Gang	bis	0.8,	Stand	bis	0.4)
34,6%	" "	II	("	"	2.1,	"	"	0.5)
59,0%	" "	III	("	"	3.0,	"	"	1.0)
2,7%	" "	IV	("	"	4.0,	"	"	2.0)

Nach den Erfahrungen der letzten Jahre ist ein merkliches Nachlassen der Güte der Aneroidbarometer festzustellen. Erwogen wird, eine Verschärfung bezüglich der Ausrüstungspflicht neuer Schiffe mit Barometern mit mindestens der Güteklasse II vorzuschlagen.

An Quecksilberbarometern wurden 55 Instrumente attestiert und 8 zurückgewiesen.

Für die Seeschiffahrt wurden 295 Thermometer geprüft und 29 zurückgewiesen.

d) Prüfung der Winkelmeßgeräte. Von den 914 attestierten Instrumenten hatten

56,6 % Fehler unter 20"
37,2 % Fehler von 20 - 90"
6,2 % Fehler von 90 - 180"

99 Instrumente mußten wegen größerer Fehler zurückgewiesen werden. Winkelmeßgeräte können jetzt geprüft und attestiert werden bei den Dienststellen des DHI in Hamburg, Bremen, Bremerhaven und Kiel. Die deutschen Winkelmeßgeräte sind von gleichbleibender Güte.

e) <u>Prüfung von Schiffspositionslaternen.</u> Von den zur Prüfung eingelieferten 23 100 Positionslaternen mußten 4338 zurückgewiesen werden. Als Hauptmängel wurden festgestellt: ungenügende Tragweite, fehlerhafte Stellung der Lichtquellen, falsche Bemessung der Durchlässigkeit und fehlerhafte Farborte der Einsatzgläser, nicht genügende Gehäuseabmessungen und die Verwendung ungeeigneten Materials für Gehäuseteile.

Die neue "Verordnung über Positionslaternen" wurde am 11. Juli 1958 vom Herrn Bundesminister für Verkehr erlassen und im Bundesgesetzblatt Nr. 17-1958 veröffentlicht. Die dazu notwendigen "Zulassungsbedingungen für Positionslaternen" des DHI traten am 1. August 1958 in Kraft.

f) <u>Abnahme- und Nachprüfungen von Ortungsfunkanlagen.</u> Mit der Durchführung dieser gesetzlich vorgeschriebenen Prüfungen hat der Herr Bundesminister für Verkehr das DHI beauftragt. Die Prüfungen erstrecken sich auf die navigatorische Eignung der Ortungsfunkanlagen an Bord. Ortungsfunkanlagen im Sinne der Funksicherheitsverordnung sind die der Navigation dienenden Funkanlagen zur Bestimmung einer Richtung oder eines Standortes oder zur Feststellung von Hindernissen. Zur Zeit sind auf deutschen Schiffen eingesetzt: Peilfunkanlagen, Radaranlagen, Decca Navigator-Anlagen und Loran-Anlagen. Am 1.4.1958 wurde als erste Teilaufgabe mit den Abnahmeprüfungen der Ortungsfunkanlagen auf deutschen Schiffsneubauten und bei Neuausrüstungen bzw. Umrüstungen begonnen. Bis zum 31.12.1958 wurden auf 221 Schiffen 128 Peilfunkanlagen und 108 Radaranlagen einer Abnahmeprüfung unterzogen. Bei den Peilfunkanlagen wurden 50 und bei den Radaranlagen 63 Einzelbeanstandungen festgestellt. Für eine Radartype mußte sogar die vorläufige Zurückziehung des Zulassungszertifikates beim Fernmeldetechnischen Zentralamt erwirkt werden. Durch den Hinweis auf die aufgetretenen und andere möglichen Fehler hat sich inzwischen auch bei den Reedereien die Erkenntnis durchgesetzt, daß durch diese Abnahmeprüfungen dem Interesse der Schiffssicherheit gedient wird. Auf Grund der bisherigen Erfahrungen und Ergebnisse muß angenommen werden, daß verschiedene der auf in Fahrt befindlichen Schiffen eingebauten Ortungsfunkanlagen den Bedingungen für einwandfreien navigatorischen Einsatz nicht genügen und daß bei einigen Schiffskollisionen solche navigarotisch nicht einwandfreien Radar-Anlagen möglicherweise ursächlich beteiligt gewesen sind. Diese Annahme wird dadurch bestätigt, daß 45% der geprüften Radaranlagen zunächst nicht voll in Ordnung waren.

g) <u>Schiffsmagnetismus und Kompaßregulierungen.</u> In Bezug auf die Auswahl magnetisch günstiger Einbauorte für Kompasse auf Schiffen hat sich die weiter anwachsende gute Zusammenarbeit mit den Werften und Reedereien bewährt. Auch in schwierigen Fällen konnten durch vorher überarbeitete Zeichnungen und Pläne günstige Einbauorte fixiert werden. Die Kompensationsmittel, insbesondere die Flindersstangen und D-Korrektoren werden zur Zeit eingehenden Prüfungen unterzogen mit dem Ziel, bei geringstem Aufwand durch zweckdienliches Material ausreichende Kompensiermöglichkeiten zu schaffen.

Um auch bei ungünstigen Verhältnissen (schlechte Sicht, Fehlen von Peilobjekten und dergl.) Kompaßregulierungen durchführen zu können, wurden für drei Leuchttürme Spezialpeilscheiben hergestellt und ein weiterer Satz UKW-Sprechgeräte beschafft.

Tabelle 4

a) Statistik über Geräteprüfungen und nautische Auskünfte im Kalenderjahr 1958

(In Klammern die Anzahl der ohne Attest zurückgewiesenen Geräte)

1958	Positions-laternen	Kompasse und Peilgeräte	Barometer u.Thermo-meter	Winkelmeß-geräte	Chrono-meter	Nautische Auskünfte
Jan.	1829 (315)	417 (49)	141 (18)	63 (15)	8	1425
Febr.	1829 (383)	422 (51)	215 (32)	53 (10)	9	1243
März	2129 (392)	470 (92)	184 (46)	70 (7)	7	1417
April	2333 (351)	559 (109)	259 (60)	29 (7)	6 (2)	1514
Mai	2256 (477)	553 (110)	196 (37)	39 (5)	6 (2)	1443
Juni	1985 (339)	485 (75)	245 (59)	59 (3)	6 (1)	1370
Juli	1862 (351)	505 (99)	298 (58)	76 (10)	10	1313
Aug.	2021 (343)	393 (83)	148 (43)	58 (7)	8 (3)	1368
Sept.	1969 (335)	331 (62)	202 (38)	148 (9)	5	1537
Okt.	2023 (388)	410 (68)	167 (39)	128 (8)	3	1497
Nov.	1625 (338)	414 (76)	238 (50)	104 (11)	2	1738
Dez.	1327 (337)	340 (53)	179 (31)	87 (7)	3	1639
Summe	23188 (4338)	5299 (927)	2472 (511)	914 (99)	73 (8)	17505

b) Kompaßregulierungen, Deviationsbestimmungen, Prüfung von Ortungsfunkanlagen auf navigatorische Eignung im Kalenderjahr 1958:

(In Klammern die Beanstandungen)

Kompaßregulierungen einschl. Deviationsbestimmungen	1011	(13)
Prüfung von Peilfunkanlagen	128	(50)
Prüfung von Radaranlagen	108	(63)
Nachprüfung von Funkbeschickungen	326	(36)

VII. BIBLIOTHEK, ARCHIV, SEEBÜCHERLAGER UND DEUTSCHE HYDROGRAPHISCHE ZEITSCHRIFT

1. Allgemeines

Die Unterbringung des Dezernates VIIB im 3.Bauabschnitt des neuen Dienstgebäudes erbrachte den Vorteil einer besseren Übersichtlichkeit und - durch räumliche Zusammenfassung - leichterer Zugänge zum Seekartenarchiv und Seebücherlager. Ein Angestellter, dessen Versetzung zu einer anderen Dienststelle erfolgt war (vgl. Jahresbericht Nr. 12, 1957, S.50) kehrte zurück, mußte dann aber im Berichtsjahr in den Ruhestand versetzt werden.

Die Teilnahme von 3 Abteilungsangehörigen an der Kieler Tagung der Arbeitsgemeinschaft technisch-wissenschaftlicher Bibliotheken erbrachte zahlreiche wertvolle Anregungen, insbesondere im Hinblick auf Dokumentation in Bibliothek und Archiv.

Der Arbeitskreis "Geographische Rechtschreibung" der Deutschen Gesellschaft für Kartographie hielt eine Arbeitstagung ab; er ist inzwischen in einen offiziellen "Ständigen Ausschuß" umgewandelt worden.

Für November und Dezember hatte die Hamburger Bibliotheksschule der Bibliothek eine Praktikantin zugewiesen.

2. Bibliothek

Der Gesamtbestand an Büchern betrug Ende des Jahres 60 929 Bände; der Zugang von 1713 Bänden setzt sich aus 1179 durch Tauschverkehr oder Geschenk eingegangenen und 534 durch Kauf erworbenen Büchern zusammen.

Es erschienen die Zugangslisten Nr. 79 und 80, umfassend die Eingänge aus der Zeit vom 1.7.57 bis 30.6.58. Durch eine innerbetriebliche Hilfsaktion für die Bibliothek, an der drei Wissenschaftler und eine Schreibkraft der Abteilungen II, IV, V, VI beteiligt waren, konnte die Nachholkatalogisierung so weit vorangetrieben werden, daß von den noch ausstehenden Zugangslisten die Nr. 69 herauskam.

Mit Hilfe der im vorigen Jahresbericht erwähnten Randlochkartei für die Periodika wurde folgender Einblick in den Umfang der Zugänge gewonnen:
Die Bibliothek erhält (Stand Oktober 1958) 25 489 Drucksachen pro Jahr durch 1529 verschiedene Titel (565 Jahresschriften, 266 Monatsschriften, 184 Halbjahresschriften usw.). Von diesen enthalten 66 v.H. Abhandlungen und 34 v.H. Beobachtungsdaten. Durch Tausch gehen 80 v.H. aller Titel ein, der Rest durch Geschenk und Kauf. Es kommen 29 v.H. aller Titel aus Deutschland, der Anteil aus dem Ausland ist 71 v.H. Insgesamt kommen aus Europa 64 v.H., Nordamerika 11 v.H., Asien 8 v.H., Australien und der Pazifischen, Indischen, Atlantischen Inselwelt 7 v.H., Mittel- und Südamerika 5 v.H., Afrika 5 v.H. Die Aufteilung der Periodika nach Sachgebieten wird im nächsten Jahresbericht erwähnt werden.

Im Berichtsjahr wurden 12 171 Bücher und Zeitschriften-Hefte ausgeliehen.

3. Deutsche Hydrographische Zeitschrift

Im Berichtsjahr erschienen 8 Einzelhefte, und zwar von Bd. 10 die Hefte 4, 5 und 6 und von Band 11 die Hefte 1, 2, 3, 4 und 5; damit ist bis auf ein Heft (Nr. 6 von Bd. 11, Jahrgang 1958 ++)) der Anschluß an das betr. Jahrgangsjahr hergestellt, so daß im Jahr 1959 mit dem völligen Schritthalten zu rechnen ist. Der Manuskripteingang ist erfreulich angestiegen, und zwar auch von außerdeutschen Autoren. Von der Themenseite her herrschen Aufsätze rein meereskundlicher Art oder solche aus den Grenzgebieten zwischen Ozean und Atmosphäre vor. 3 Aufsätze beschäftigen sich mit nautischer Technik. Der Berichterstattung über das Geophysikalische Jahr, ferner über bedeutende Konferenzen sowie insbesondere über Zeitschriftenaufsätze wurde besondere Aufmerksamkeit gewidmet. Der 10. Jahrgang schloß mit einem ausführlichen Register der ersten 10 Bände der DHZ ab, das zudem auch auf die letzten Jahrgänge der Annalen der Hydrographie und maritimen Meteorologie ausgedehnt wurde; diese stellten bekanntlich mit dem 72. Band im Jahre 1944 das Erscheinen ein. Durch dieses DHZ-Register ergibt sich - zusammen mit dem 10-Jahres-Register der "Annalen" - ein lückenloser Autoren- und Titelnachweis vom Jahre 1875 bis heute.

Die hydrographische Bibliographie wurde wie im Vorjahre auch für den 10. Band als Sonderdruck zum Dienstgebrauch und für den Schriftenaustausch in beschränkter Anzahl hergestellt.

Die Zahl der Bezieher der DHZ ist weiter im langsamen Ansteigen, wie aus folgender Tabelle hervorgeht (Vergleichszahlen für 1957 in Klammern):

Bd. 11, 1958	220 (213)	Tauschabonnenten,	davon 161 ausländische
	214 (209)	Dauerbezieher,	davon 103 ausländische
	18 (16)	Gratisabnehmer	
insgesamt	452 (438)		

In Vorbereitung befindet sich als Ergänzungsheft in der Reihe B der Bericht mit den vorläufigen Ergebnissen der deutschen Arbeiten im Internationalen Geophysikalischen Jahr ("Gauss", "Anton Dohrn").

4. Archiv

Das Archiv konnte große Sammlungsteile, die aus Beständen ehemaliger Vorgängerdienststellen des DHI stammten, zur besseren Ausnutzung geeigneten Dienststellen zuleiten, so der Bundesmarine, dem Altonaer Museum u.a. Die aus dem Besitz des ehemaligen Instituts für Meereskunde in Berlin stammenden Reste der Kartensammlung wurden dem Seekartenarchiv eingegliedert; dadurch konnten zahlreiche Lücken in der Folge besonders der deutschen Seekartenausgaben geschlossen werden.

++) Ausgegeben Anfang März 1959.

Es gingen im Berichtsjahr ein: 10 530 Karten, darunter 2865 (= 27%) durch Tausch, 578 durch Kauf und 708 aus der DHI-Produktion, ferner 793 Seebücher, darunter 294 (= 37%) durch Tausch, 91 durch Kauf und 162 aus der DHI-Produktion.

Die sachgemäße Einordnung der Seekartensammlung wurde durch die Lieferung weiterer Kartenschränke wesentlich erleichtert, dennoch verbleibt ein erheblicher Rest der Seekartensammlung noch in behelfsmäßiger Aufbewahrung.

Der Zuwachs des Archivs betrug (1957 in Klammern)

10 530	(4723)	Seekarten
21	(20)	Arbeitskarten
409	(191)	Peilpläne
71	(319)	topographische Karten
793	(669)	Seebücher u. Nachträge

5. Seebücherlager

Im Seebücherlager wurden - nach beendeter Aufstellung Ende 1957 alle Objekte, die durch den Vertrieb, durch Tausch oder auf andere Weise zur Abgabe gelangen, auf Bestandskarteikarten erfaßt. Das Lager umfaßte Ende 1958 über 3000 verschiedene Druckschriften. Eine Bestandsprüfung wurde durchgeführt; ihr Ergebnis war erstaunlich positiv, obwohl wegen mehrfacher früherer Umlagerungen mit Verlusten gerechnet werden mußte. Diese Abschreibungen erwiesen sich indessen als sehr gering und konnten, soweit nicht in besonderen Fällen eine erneute Kontrolle geboten erschien, abgesetzt werden, so daß nunmehr ein geregelter Betrieb im Seebücherlager ermöglicht wird.

Tabelle 5

Jahresabgänge aus dem Seebücherlager 1958

(Vergleichszahlen 1955 in Klammern)

	Insgesamt	(1955)	Zuwachs 1955-1958
Nautische Druckschriften	86 563	(71 155)	+ 21,6%
Nachrichten für Seefahrer	157 426	(139 092)	+ 13,2%
Deckblätter	193 839	(185 306)	+ 4,6%
Nachträge zu NF.	42 572	(45 834)	- 7,1%
DHZ und Ergänzungshefte	4 843	(2 422)	+ 100,9%
Eisberichte	34 266	(29 387)	+ 16,6%
(Beilagen zu N/S): Abgesuchte Wege (Zwangswege)	13 162	-	-

6. Tausch

Die Anzahl der im Berichtsjahr durch den Austausch beschafften Bücher und Karten ergibt sich aus den oben erwähnten Bibliotheks- und Archiveingängen (lfd.Nr. 2. und 4.). Bei den Zugängen nautischer Schriften im Archiv handelt es sich nur um Zugänge neuer Bücher. Nachträge und Ergänzungen zu den nautischen Büchern, deren Anzahl das Vielfache beträgt, sind nicht berücksichtigt.

Im Jahre 1958 wurden im Rahmen des Austausches versandt (in Klammern die Vergleichszahlen für 1957):

Karten:
152 Nummern (104) = 3 846 Einzelblätter einschl. der Deckblätter (2 707).

Druckschriften
49 Nummern (34) = 2 109 Stück (1 434).

Diese Zahlen gelten nur für die im Tausch versandten Einzelstücke. Die Hefte der periodisch erscheinenden "Nachrichten für Seefahrer", Deutsche Hydrographische Zeitschrift", "Seewart" und "Ozeanographie" (Gesammelte Aufsätze) sind nicht darin enthalten, auch nicht die sich aus dem Schriftwechsel mit den Tauschpartnern von Fall zu Fall ergebenden besonderen Sendungen.

Auch im Jahre 1958 wurden Tauschbeziehungen mit mehreren Stellen aufgegeben, deren Einsendungen für die Arbeiten des DHI nicht oder nicht mehr benötigt werden. Andererseits wurden neue Tauschverbindungen aufgenommen mit Stellen, die für die Arbeiten des Instituts interessante Unterlagen liefern. Die Gesamtzahl der Tauschpartner ist daher zwar etwa die gleiche geblieben wie im Vorjahr, jedoch stand das Berichtsjahr 1958 im Zeichen der Intensivierung und Rationalisierung.

Durch organisatorische Maßnahmen wurde der Tauschversand periodisch erscheinender Schriften weiter vereinfacht. Nachdem der Aufbau der Archiv-Karteien weit fortgeschritten ist, läßt sich eine Reihe von Eintragungen in die Tauschkartei ohne Einschränkung der Kontrollmöglichkeiten vermeiden. Eine weitere Rationalisierung der Arbeitsgänge ist vorgesehen und wird vorbereitet.

VIII. VERWALTUNG

1. Personalangelegenheiten

DAS INSTITUT GEDENKT SEINES IM BERICHTSJAHR VERSTORBENEN MITARBEITERS

Bote — K a r l S c h r ö d e r
gestorben am 18.12.1958

Am 1.4.1958 hat das Deutsche Hydrographische Institut die Hausverwaltung für das Dienstgebäude der Bundesverkehrsbehörden in Hamburg übernommen. Dadurch hat sich der Personalbestand um 1 Beamten des gehobenen Dienstes, 9 Angestellte und 90 Haushandwerker, -arbeiter und Reinmachefrauen erhöht.

3 Angestellte wurden in das Beamtenverhältnis übernommen, 2 Beamte in den Ruhestand versetzt.

Während des Berichtsjahres wurden 18 Angestellte und 60 Lohnempfänger neu eingestellt und 12 Angestellte und 48 Lohnempfänger entlassen.

Die Durchführung der dem Deutschen Hydrographischen Institut übertragenen Aufgaben wird durch die zunehmende Zahl der Erkrankungen erschwert. Während 1950 nur 1,78 v.H. der Arbeitstage durch Krankheit ausfielen, ist dieser Vomhundertsatz in den folgenden Jahren stetig gestiegen und hat 1958 nahezu 6 v.H. erreicht.

Der Bedarf an Wohnungen für Bedienstete des Deutschen Hydrographischen Instituts ist unverändert, da dem DHI nur 10 mit Bundesmitteln erstellte Wohnungen zugewiesen werden konnten. Durch neu aufgetretenen Bedarf ist die Zahl der Wohnungssuchenden trotz der Zuweisungen nicht geringer geworden.

2. Allgemeine und technische Verwaltung

a) Unterbringung der Dienststellen. In der Unterbringung der Außendienststellen des Instituts sind in diesem Berichtsjahr keine Veränderungen eingetreten.

Der 4. und letzte Bauabschnitt des Neubaus eines Dienstgebäudes für die Bundesverkehrsbehörden ist im November 1958 übergeben worden. Im Zuge der Belegung dieses Bauabschnitts sind einige Hausumzüge erforderlich geworden.

Im März 1958 wurden die ersten Pfähle für den Neubau einer Versuchswerkstatt und des Schiffslagers im Freihafen am Kirchenpauerkai gerammt. Das Richtfest ist für den 8.1.59 vorgesehen. Der voraussichtliche Umzugstermin der Versuchswerkstatt und des Schiffslagers wird im Frühsommer 1959 liegen.

b) Schiffe, Boote und Kraftfahrzeuge

1. Die Vermessungs- und Forschungsschiffe des D.H.I. haben während ihres Einsatzes in diesem Berichtsjahr keine nennenswerten Schäden davongetragen.

2. Der zahlenmäßige Bestand an Booten und Kraftfahrzeugen hat sich nicht geändert.

c) Versuchswerkstatt. Neben Ergänzungs- und Instandsetzungsarbeiten an den Betriebseinrichtungen des Instituts und der Vermessungsschiffe lag der Schwerpunkt der Arbeiten bei der gerätetechnischen Ausrüstung des VFS "Gauss" und des FFS "Anton Dohrn" für insgesamt 4 Forschungsfahrten im Rahmen des IGJ, sowie bei der Wiederinstandsetzung der ozeanographischen Meßgeräte nach Beendigung der Forschungsfahrten.

Die Erfahrung lehrt, daß bei manchen Geräten die vielfach herkömmliche Bauart den großen Beanspruchungen des Messens bei schlechtem Wetter und den höher gestellten Forderungen nicht standhält. Es mußten deshalb zahlreiche Änderungen und Verbesserungen vorgenommen werden.

Insbesondere wurden die Arbeiten an den Schleppkörpern zur Registrierung der vertikalen Temperaturverteilung in oberflächennahen Wasserschichten und für die Registrierung der Vertikalkomponente des erdmagnetischen Feldes fortgesetzt. Fertiggestellt wurden die Registriergeräte für Bifilarstrommessungen (s. Fachbericht der Abt. IV).

Angehörige der Versuchswerkstatt nahmen an den Forschungsfahrten in den Atlantik und an Untersuchungsfahrten in die Deutsche Bucht teil und waren bei der Durchführung von Strommessungen beteiligt.

C. Liste der amtlichen Veröffentlichungen und der wissenschaftlichen Arbeiten des Deutschen Hydrographischen Instituts

I. AMTLICHE VERÖFFENTLICHUNGEN DES INSTITUTS

1. Im Jahre 1958 erschienen:

a) Karten

x) = Neuherstellung +) = Neue Ausgaben o) = Große Berichtigung

+)	D	1	Zeichen und Abkürzungen in den Deutschen Seekarten
xo)	D	2	Mündungen der Jade und Weser 1 : 50 000
o)	D	11	Großer Belt, Nördlicher Teil 1 : 70 000
+)	D	29	Danziger Bucht, Westlicher Teil 1 : 75 000
o)	D	31	Gewässer um Fehmarn 1 : 50 000
+)	D	36^{W}	Mecklenburger Bucht 1 : 100 000
oo)	D	36°	Mecklenburger Bucht 1 : 100 000
+o)	D	40	Die Ostsee von Gedser-Odde bis Bornholm 1 : 200 000
o)	D	49	Mündungen der Jade, Weser und Elbe 1 : 100 000
o)	D	52°	Die Ostsee von Öland bis Helsinki 1 : 500 000
+)	D	60	Die Ostsee, Mittlerer Teil 1 : 600 000
o)	D	64	Einfahrten nach Turku (Abo), SW-Bl. 1 : 100 000
o)	D	65	Einfahrten nach Turku (Abo), SO-Bl. 1 : 100 000
+)	D	66°	Der Kanal, Ostblatt 1 : 400 000
+)	D	66^{W}	Der Kanal, Westblatt 1 : 400 000
+)	D	68	Hafen von Göteborg 1 : 15 000
+)	D	69	Ostsee, Westlicher Teil 1 : 300 000
+)	D	73	Südküste von Finnland, Porkkala bis Söderskär 1:50 000
+)	D	77	Die Ems von Duke-Gat bis Pogum 1 : 25 000
+)	D	79	Finnischer Meerbusen 1 : 400 000
+)	D	80	Fahrwasser nach Göteborg und Kungsbacka-Fjord 1:55 000
+)	D	89	Ostfriesische Inseln, Juist bis Wangerooge 1 : 50 000
+)	D	90	Emsmündung 1 : 50 000
+)	D	91	Seegat von Texel und Waddenzee 1 : 50 000
o)	D	92	Ijselmeer 1 : 100 000
o)	D	96	Küste der UdSSR, Someri bis Seivästö 1 : 75 000
o)	D	97	Öregrunds Schären, Simpnäsklubb bis Öregrund 1 : 50 000
+)	D	108	Ostende bis Vlissingen 1 : 50 000
o)	D	110	Hafen von Daressalam 1 : 7 500
o)	D	136	Stora Ålö bis Arkö 1 : 50 000
x)	D	137	Ostsee, Schwedische Küste, Dämmern-Stora Alö 1 : 75 000
o)	D	138	Elbmündung 1 : 50 000
+)	D	139	Die Elbe von Cuxhaven bis Brunsbüttelkoog 1 : 25 000
o)	D	142	Gewässer um Rügen, Südlicher Teil 1 : 75 000
o)	D	157^{C}	Ostküste von Island bis Norwegen 1 : 1200 000
+)	D	160	Azoren, Mittlere Gruppe 1 : 175 000
o)	D	161	Azoren, Ost-Gruppe 1 : 150 000
ooo)	D	167	Gewässer um Öland und Gotland, Südlicher Teil 1:200 000
o)	D	168	Gewässer um Öland und Gotland, Nördlicher Teil 1:200 000
x)	D	170	Hanö-Bucht, von Åhus bis Utklippan 1 : 75 000
+)	D	171	Åland-See und Gävle Bucht 1 : 200 000
+)	D	177	Botten-Wiek, Südlicher Teil 1 : 200 000
o)	D	178	Botten-Wiek, Nördlicher Teil 1 : 200 000
oo)	D	179	Kalmar-Sund, Mörbylanga bis Dämman 1 : 50 000
+)	D	198	Themse-Mündung 1 : 75 000
+)	D	202	Orfordness bis Blakeney 1 : 150 000
o)	D	203	Yarmouth- und Lowestoft-Reeden 1 : 50 000
+)	D	204	Blakeney bis Flamborough Head 1 : 150 000
+)	D	210	Die Eider von Tönning bis Rendsburg 1 : 25 000
+)	D	211	Lister Tief 1 : 50 000
+)	D	217	Flamborough Head bis Lizard Point 1 : 150 000
+)	D	222	Tyne Mündung von Shields bis Newcastle 1 : 10 000

+)	D	227	Forth-Mündung 1 : 25 000
+)	D	238	Nordsee mit Großbritannien und Irland 1 : 2000 000
x)	D	245	Strasse von Dover 1 : 150 000
x)	D	246	Dünkirchen bis Scheveningen 1 : 150 000
+)	D	251C	Island und die Färöer 1 :1200 000
+)	D	252	Südwestküste von Island 1 : 300 000
o)	D	253	Nordwestküste von Island 1 : 300 000
+)	D	254	Nordostküste von Island 1 : 300 000
x)	D	256FC	Fischereikarte, Gewässer zwischen Island und Grönland 1 : 1000 000
o)	D	263	Ansteuerung von Spithead 1 : 30 000
o)	D	265	Fahrwasser von Southampton 1 : 15 000
+)	D	266	Cherbourg bis Fécamp 1 : 150 000
o)	D	267	Seine-Mündung 1 : 50 000
o)	D	268	Cherbourg-Hafen 1 : 12 500
+)	D	269	Start Point bis Needles 1 : 150 000
o)	D	279	Goulven bis Les Héaux 1 : 150 000
+)	D	283	Reede von Brest 1 : 30 000
o)	D	292C	N-Atlantischer Ozean, Östlicher Teil, Scilly- bis Kanarische Inseln 1 : 3 500 000
o)	D	295	Rotes Meer 1 : 2 500 000
o)	D	296	Arabisches Meer 1 : 3 500 000
o)	D	304	Ibiza bis Sardinien 1 : 750 000
o)	D	305	Sardinien bis Malta 1 : 750 000
oo)	D	308	Ansteuerung von Cadiz-Bucht 1 : 100 000
o)	D	309	Straße von Gibraltar 1 : 100 000
o)	D	311	Malta und Gozo 1 : 70 000
o)	D	314	Ansteuerung von Boulogne 1 : 15 000
+)	D	320	Rās Banās bis Suakin-Inseln 1 : 750 000
o)	D	329	Der Sund, Südlicher Teil 1 : 60 000
+)	D	332	Seegats von Brouwershaven und Zieriksee 1 : 50 000
o)	D	338	Einfahrten nach Suakin 1 : 200 000
+)	D	360	Malacca-Straße, Nördlicher Teil 1 : 400 000
+)	D	361	Malacca-Straße, Mittlerer Teil 1 : 300 000
+)	D	362	Malacca-Straße, Südlicher Teil 1 : 300 000
+)	D	363	Singapore-Straße 1 : 120 000
o)	D	365	Stockholmer Schären, Sandhamn-Svenska Stenarna 1:50 000
+)	D	375	Milford Haven 1 : 20 000
+)	D	406	Stiller Ozean, Mittlerer Teil, Südblatt 1 : 7000 000
x)	D	413	Ansteuerung von Durban (Port Natal) 1 : 300 000
+)	D	418	Westküste von Sumatra, Südlicher Teil 1 : 1000 000
+)	D	419	Java-See 1 : 1000 000
+)	D	420	Gewässer zwischen Malaiischer Halbinsel, Sumatra und Borneo 1 : 1000 000
+)	D	423	Lingga-Archipel 1 : 250 000
+)	D	424	Singapore bis Banka-Straße 1 : 500 000
+)	D	431	Nordwestspitze von Sumatra mit vorgelagerten Inseln 1 : 100 000
o)	D	435	Ionisches Meer 1 : 750 000
o)	D	442	Halifax bis Virgin Islands 1 : 2 500 000
+)	D	448	Golf von Maine 1 : 625 000
+)	D	449	Nantucket Island bis zur Delaware Bay 1 : 500 000
+)	D	450	Sandy Hook bis Kap Hatteras 1 : 500 000
o)	D	452	Charleston bis zur Florida-Straße 1 : 600 000
+)	D	454	Nantucket Shoals bis Block Island 1 : 200 000
+)	D	465	Chesapeake Bay, Blatt A 1 : 100 000
o)	D	473	Lindesnes bis Bömmelöy 1 : 300 000
ox)	D	475	Ansteuerung von Port Sudan 1 : 25 000
o)	D	478	Der Sund, Südlicher Teil mit Ansteuerung 1 : 100 000
x)	D	479	Smaalands Fahrwasser, Östlicher Teil 1 : 50 000
o)	D	489	Adra bis Cartagena 1 : 250 000
o)	D	503	Reede von Livorno 1 : 30 000
o)	D	522	Barbados bis Kap São Roque 1 : 3 200 000
+)	D	524	Florida-Straße 1 : 800 000
o)	D	528	Golf von Mexiko, Östlicher Teil 1 : 1000 000
x)	D	532	Lago de Maracaibo 1 : 400 000

o)	D	533	Gewässer zwischen Kuba, Haiti und Jamaica 1 : 900 000
+)	D	554	Tsushima-Straße 1 : 750 000
+)	D	589	Golf von Thailand 1 : 1000 000
+)	D	591	Natuna Eilanden bis Balábac Strait 1 : 1000 000
+)	D	594	Südchinesisches Meer, Nördlicher Teil 1 : 1500 000
o)	D	616	Kap Finisterre bis Barra Nova 1 : 250 000
o)	D	618	Muros- und Noya-Bucht 1 : 42 000
o)	D	647	Cabo Frio bis Cabo St.Martha Grande 1 : 1000 000
o)	D	648	Cabo St.Martha Grande bis Cabo St.Maria 1 : 1000 000
+)	D	654	Kap Verde-Inseln, Ost-Gruppe 1 : 200 000
o)	D	657	Hafen von Charleston 1 : 30 000
o)	D	683	Melilla bis Oran 1 : 250 000
oo)	D	685	Häfen von Oran und Mers el Kébir 1 : 15 000
o)	D	694	Straße von Sizilien, C.Serrat bis Pantelleria 1:250 000
o)	D	703	Kreta, Östlicher Teil 1 : 150 000
x)	D	711	Rhodos bis Alanya und Cypern 1 : 325 000
+)	D	713	Panama-Bucht 1 : 200 000
+)	D	717	Kap San Antonio bis Constitucion 1 : 750 000
+)	D	718	Constitucion bis Chañaral 1 : 750 000
+)	D	719	Chañaral bis Mejillones del Sur 1 : 750 000
+)	D	720	Mejillones del Sur bis Mollendo 1 : 750 000
+)	D	721	Mollendo bis Pisco 1 : 750 000
+)	D	722	Pisco bis Pacasmayo 1 : 750 000
o)	D	735	Hafen und Ankerplätze von Bahrein 1 : 50 000
x)	D	736	Ansteuerung von Kuwait 1 : 150 000
x)	D	749	Persischer Golf, Djesiret Abu Ali bis Ras Bard Halk 1 : 175 000
+)	D	756 N	Oslo-Fjord, Südlicher Teil, Nordblatt 1 : 50 000
+)	D	756 S	Oslo-Fjord, Südlicher Teil, Südblatt 1 : 50 000
+)	D	764	Mandal bis Lister 1 : 50 000
+o)	D	798	Kap Verde bis Kap Naze 1 : 50 000
+)	D	800	St.Ann's Head bis Aberdovey 1 : 150 000
+)	D	802	Liverpool-Bucht 1 : 40 000
+)	D	812	Irische See, The Maidens bis Inishtrahull 1 : 150 000
+)	D	833	Häfen an der Südküste von Spanien und Portugal, verschiedene Maßstäbe
+)	D	835	Straße von Gibraltar bis Agadir 1 : 750 000
+o)	D	836	Agadir bis Kap Bojador und Kanarische Inseln 1:750 000
o)	D	839	Rabat bis Kap Cantin 1 : 250 000
o)	D	840	Kap Cantin bis Agadir 1 : 250 000
+)	D	842	Kanarische Inseln, Mittlere Gruppe 1 : 175 000
o)	D	844	Ankerplätze der Kanarischen Inseln, versch.Maßstäbe
+)	D	847	San Juan - bis Vieques-Passage 1 : 50 000
+)	D	850	Punta Penon bis Punta Vacia Talega 1 : 100 000
+)	D	851	Punta Tuna bis Guanica-Hafen 1 : 100 000
+)	D	853	Virgin Islands, Westlicher Teil 1 : 100 000
+)	D	854	Culebra (Passage) Insel 1 : 25 000
o)	D	858	Barthélemy, Anguilla und St.Martin 1 : 100 000
o)	D	859	St.Christopher, Nevis und St.Eustatius 1 : 70 000
+)	D	875	Kapstadt bis Kap Agulhas 1 : 250 000
+)	D	878	Hafen von Kapstadt 1 : 7 500
o)	D	883	Biskaya-Bucht, Östlicher Teil 1 : 600 000
o)	D	898	Kap Samaná bis Kap Engaño 1 : 160 000
+)	D	900	Ankerplätze der Insel Haiti versch.Maßstäbe
o)	D	906	Häfen an der Nordküste Spaniens, Bl.I, versch.Maßstäbe
x)	D	908	Punta Zempoala bis Puerto de Alvarado 1 : 100 000
x)	D	914	Häfen an der Küste von Texas und Louisiana, versch. Maßstäbe
+)	D	915	Hafen von New Orleans 1 : 15 000
+)	D	917	Mississippi-Delta 1 : 80 000
+)	D	919	Tampa Bay, Südlicher Teil 1 : 40 000
o)	D	920	Tampa Bay, Nördlicher Teil 1 : 40 000
+)	D	929	Baia de Todos os Santos bis Barra de Una Mirim 1:300 000
+)	D	942	Einfahrt in den Rio São Francisco do Sul 1 : 50 000
+)	D	943	Paranaguá-Bucht 1 : 80 000

+)	D	947	Lagoa dos Patos, Südlicher Teil 1 : 75 000
+)	D	948	Ansteuerung vom Rio de la Plata 1 : 300 000
o)	D	976[o]	Barents-See, Südlicher Teil 1 : 700 000
o)	D	979	Häfen an der Westküste von Portugal versch.Maßstäbe
o)	D	980	Häfen an der Nordküste Spaniens, Blatt II, versch.Maßstäbe
+)	D	994	American Shoal bis Marquesas Rock 1 : 100 000
o)	D	1008	Grands Cardineaux bis Île de Noirmoutier und Loire-Mündung 1 : 50 000
o)	D	1009	Die Loire von St.Nazaire bis Nantes 1 : 50 000
oo)	D	1018	Gironde-Mündung 1 : 50 000
oo)	D	1030	Reede und Hafen von Le Havre 1 : 15 000
o)	D	1053	Barra Nova bis Lissabon 1 : 250 000
o)	D	1055	Kap St.Vincent bis Ceuta 1 : 300 000
o)	D	1071	Kykladen, Südlicher Teil 1 : 180 000
o)	D	1072	Kykladen, Nördlicher Teil 1 : 180 000
o)	D	1104	Konstantza bis Sewastopol 1 : 400 000
o)	D	1110	Asowsches Meer 1 : 400 000
o)	D	1112	Die Dardanellen 1 : 75 000
oo)	D	1115	Ankerplätze von Giresun bis zum Bosporus, versch.Maßstäbe
o)	D	1117	Golf von Tanganrog 1 : 175 000
o)	D	1119	Odessa bis Nikolajew und Cherson 1 : 150 000
+)	D	1166	Islay Island bis Sea of the Hebrides 1 : 150 000
o)	D	1167	Jura Sound bis Mull Sound 1 : 150 000
o)	D	1173	Ankerplätze bei den Hebriden, versch.Maßstäbe
o)	D	1182[FC]	Norwegen bis Bären-Insel 1 : 700 000
o)	D	1183[F]	Bären-Insel bis Spitzbergen 1 : 700 000
o)	D	1195	Kola-Bucht (Südlicher Teil 1:25 000) 1 : 50 000
+)	D	1204	Batalden bis Öksnes 1 : 50 000
o)	D	1207	Rundöy bis Storholm 1 : 50 000
o)	D	1320	Nord-Kvarken, Valsörarne bis Mickelsörarne 1 : 50 000
o)	D	1321	Nord-Kvarken, Mickelsörarne bis Torsö 1 : 50 000
x)	D	1335	Hafen von Bergen 1 : 6 250
o)	D	1512	Golf von Athen 1 : 100 000
o)	D	1527	Häfen und Buchten von Paros und Antiparos, versch.Maßstäbe
o)	D	1528	Häfen und Buchten von Naxos und Mykonos, versch.Maßstäbe
o)	D	2651	Funkortungskarte Nordsee und Kanal 1 : 1250 000
o)	D	2660	Funkortungskarte, Nordeuropäische Meere 1 : 3500 000
+)	D	2810	Weltkarte in Merkator-Abbildung 1 : 80 000 000

Außerdem wurden folgende Karten mit den Nullhyperbeln der britischen bzw. deutschen Deccakette als Deccakarten herausgegeben:

Britische Kette Nr. 5

x)	D	202	Orfordness bis Blakeney 1 : 150 000
x)	D	204	Blakeney bis Flamborough Head 1 : 150 000
x)	D	217	Flamborough Head bis Lizard Point 1 : 150 000
x)	D	245	Straße von Dover 1 : 150 000
x)	D	246	Dünkirchen bis Scheveningen 1 : 150 000

Deutsche Kette Nr. 9

x)	D	2	Mündungen der Jade und Weser 1 : 50 000

Eingezogen wurden die Karten:

x)	D	2	Mündungen der Jade und Weser, 1 : 50 000, Ausgabe 1953, IX
x)	D	2	(Decca) Mündungen der Jade und Weser, 1 : 50 000, Ausgabe 1. VI. 1954
x)	D	56	Smaalands Fahrwasser, 1 : 100 000, Ausgabe 1952, X.
x)	D	166	Hanö-Bucht, 1 : 100 000, Ausgabe 1943, I.
x)	D	245	Straße von Dover, 1 : 150 000, Ausgabe 1956, X.
x)	D	386	Reede von Ostende, 1 : 20 000, Ausgabe 1951, VIII.
x)	D	388	Reede von Calais, 1 : 15 000, Ausgabe 1951, IV

x)	D 389	Calais bis Blankenberge, 1 : 100 000, Ausgabe 1951, VI.
x)	D 532	Lagune von Maracaibo, 1 : 400 000, Ausgabe 1940, V.
x)	D 711	Rhodos bis Alanya, 1 : 325 000, Ausgabe 1955, III.
x)	D 1050	Pläne an der Küste von Texas und Louisiana, versch.Maßstäbe, Ausgabe 1940, VI.
x)	D 1052	Ansteuerung von Vera Cruz, 1 : 50 000, 1.Ausgabe 1926,IX.
x)	D 1335	Hafen von Bergen, 1 : 6 250,1.Ausgabe, 1942, XII.

Insgesamt: 21 neue Karten, 98 neue Ausgaben, 112 große Berichtigungen.

b) Bücher, Vorschriften, Mitteilungen

Seehandbücher, Neuauflagen:

- 2006 Nordsee-Handbuch, östlicher Teil, 12. Auflage, 1958
- 2025 Handbuch der Nord- und Westküste Spaniens und der Küste Portugals, 5.Auflage, 1958
- 2048 Westindien, I.Teil, 3.Auflage, 1958

Nachträge 1958 zu Seehandbüchern:

- 2002 Ostsee, mittlerer Teil, Band I, 1942
- 2002 B Ostsee, III.Teil, 1955
- 2005/I Skagerrak und Kattegat, Band I, 1943
- 2005/II Skagerrak und Kattegat, Band II, 1943
- 2012 Norwegen, I.Teil, 1944
- 2015 Nordküste Rußlands, I.Teil, 1930
- 2017 Kanal, I.Teil, 1954
- 2018 Kanal, II.Teil, 1956
- 2022 Westküste Irlands, 1934
- 2023 Westküste Schottlands, 1936
- 2028 Mittelmeer, II.Teil, 1952
- 2029 Mittelmeer, III.Teil, 1956
- 2046 Ost- und Südküste Afrikas, 1931
- 2050 Westindien, III.Teil, 1939
- 2051 Ostküste Südamerikas, I.Teil, 1943
- 2052 Ostküste Südamerikas, II.Teil, 1929
- 2063 Westküste Afrikas, II.Teil, 1940

Beihefte 1958 zu Seehandbüchern:

Zu 2003 Bezeichnung der deutschen Küstengewässer
- 2010 Winterbetonnung der deutschen Küstengewässer 1958/1959

Ergänzungen 1958 zu Seehandbüchern:

Zu 2011 Island, die Färöer und Jan Mayen, 1934
Zu 2032 Mittelmeer, VI.Teil, 1930

Nachdruck 1958 von Seehandbüchern:

2049 Westindien, II.Teil, 1935

Verzeichnis der Leuchtfeuer und Signalstellen, 1958:

- 2100 Teil I (Ostsee)
- 2101 Teil II (Gewässer zwischen Ost- und Nordsee)
- 2102 Teil IIIA (Nordsee, S-licher Teil)
- 2103 Teil IIIB (Nordsee, N-licher Teil und Europäisches Nordmeer)
- 2104 Teil IV (Der Kanal, Westküste von England und Schottland, Küsten von Irland)
- 2105 Teil V (Mittelmeer, Schwarzes Meer und Asowsches Meer)
- 2106 Teil VI (Atlantischer Ozean, Ostseite)
- 2107 Teil VII (Atlantischer Ozean, Westseite, N-licher Teil)
- 2108 Teil VIII (Atlantischer Ozean, Westseite, S-licher Teil)
- 2109 Teil IX (Indischer Ozean und Ostindischer Archipel)
- 2110 Teil X (Stiller Ozean, Westseite)

Nautischer Funkdienst:

-	2150	Nautischer Funkdienst, Band I, Funkverkehr	berichtigter
-	2151	Nautischer Funkdienst, Band II, Funkortung	Nachdruck
-	2154	Sprechfunk für Küstenschiffahrt	1958
-	2157	Verwendung der Wetterfunksprüche an Bord	

Meereskundliche Beobachtungen und Ergebnisse:

- 2122/9 Nr. 9: Strombeobachtungen in der südwestlichen Nordsee in den Jahren 1951 - 1955
- 2122/10 Nr. 10: Beobachtungen auf den deutschen Feuerschiffen der Nord- und Ostsee im Jahre 1956 sowie Monatsmittel von Temperatur und Salzgehalt der Jahre 1948 bis 1956 ++)

Ozeanographie:

- Gesammelte Aufsätze 1957 (1958)

c) Periodische Veröffentlichungen

Nachrichten für Seefahrer 89.Jahrgang 1958, Nr. 1-52
Minengefährdete Gebiete, Auflage 1958 (als Beilage zu Nr.32 der N.f.S.)
Nachtrag zum Nautischen Funkdienst 1958, Nr. 1-24
Nachtrag zum Sprechfunk für Küstenschiffahrt 1958, Nr. 1-12
Magnetogramme des Observatoriums Wingst 1956
Erdmagnetische Kennziffern (monatlich) 1958
Deutsche Hydrographische Zeitschrift 10: 4, 5, 6; 11: 1, 2, 3, 4, 5+)
Der Seewart (Nautische Zeitschrift für die Deutsche Seeschiffahrt) 20: 1-6
Gezeitentafeln für das Jahr 1959
I. Europäische Gewässer
II. Atlantischer und Indischer Ozean
Nautisches Jahrbuch oder Ephemeriden und Tafeln für das Jahr 1959
Hoch- und Niedrigwasserzeiten für die Deutsche Bucht und deren Flußgebiete 1959
-dgl. Sonderausgaben 1959 für
Westküste Schleswig-Holsteins
Elbe-Gebiet
Weser-Gebiet
Ostfriesland
Jahresbericht des DHI. Nr. 12/1957

++) Im Jahresbericht Nr.12/1957 irrtümlich als Nr. 9 bezeichnet.
+) Ausgeliefert im Februar 1959.

2. Geplant oder in Vorbereitung befindlich:

a) Karten

x) = Neuherstellung +) = Neue Ausgaben

x)	D	4	Die Weser von Robben-Nordsteert bis Bermerhaven 1 : 25000
+)	D	5	Die Weser von Bremerhaven bis Elsfleth 1 : 25 000
+)	D	6	Die Weser von Elsfleth bis Bremen 1 : 25 000
+)	D	7	Die Jade, Südlicher Teil 1 : 50 000
+)	D	8	Reede von Wilhelmshaven 1 : 20 000
+)	D	11	Großer Belt, Nördlicher Teil 1 : 70 000
+)	D	12	Großer Belt, Südlicher Teil 1 : 70 000
+)	D	19	Swine und Kaiserfahrt mit "Fahrt durch das Große Haff" 1 : 25 000
+)	D	21	Papenwasser und die Oder bis Stettin 1 : 25 000
+)	D	34	Gewässer nördlich von Fünen mit Plan Odense Fjord 1 : 70 000
+)	D	47	Großer Belt zwischen Sprogö und Langeland 1 : 40 000
x)	D	49 W+O	Mündungen der Jade, Weser und Elbe 1 : 100 000
+)	D	53	Nordansteuerung zum Kanal (2 Blätter) 1 : 300 000
+)	D	55	Pommersche Bucht und Stettiner Haff 1 : 80 000
x)	D	61	Die Nordfriesischen Inseln mit Helgoland (1 Blatt) 1 : 100 000
+)	D	69	Ostsee, Westlicher Teil 1 : 300 000

x)	D	70	Helgoland 1 : 10 000
+)	D	74	Südküste von Finnland, Pitkäviira bis Someri 1 : 75 000
+)	D	87	Die Ostfriesischen Inseln mit Helgoland 1 : 100 000
+)	D	93	Einfahrten nach Amsterdam, nur Pläne
+)	D	96 N+S	Küste der UdSSR, Someri bis Seivästö 1 : 75 000
+)	D	102	Die Nord- und Ostsee zwischen Texel und Arkona 1 : 600 000
x)	D	105	Die Eider, Norder- und Süderpiep 1 : 50 000
x)	D	106	Hever, Schmaltief und Rüter-Gat 1 : 50 000
x)	D	107	Vortrapp-Tief, Norder- und Süderaue 1 : 50 000
+)	D	135	Azoren 1 : 750 000
x)	D	138	Elbmündung 1 : 50 000
+)	D	141	Gewässer um Rügen, Nördlicher Teil 1 : 75 000
+)	D	142	Gewässer um Rügen, Südlicher Teil (Greifswalder Bodden) 1 : 75 000
+)	D	145	Nördliche Einfahrten nach Stralsund 1 : 30 000
x)	D	147	Borgar- und Hvalfjördur (Faxafloi) 1 : 100 000
+)	D	152	Finnischer Meerbusen, Suursaari bis Seiskari 1 : 150 000
+)	D	153	Finnischer Meerbusen, Seiskari bis Leningrad 1 : 150 000
+)	D	154	Newa-Bucht, Kronstadt bis Leningrad 1 : 50 000
+)	D	168	Gewässer um Öland und Gotland, Nördlicher Teil 1 : 200 000
+)	D	172	Botten-See vom Finngrund bis Brämön 1 : 200 000
+)	D	174	Botten-See von Södra Kvarken bis Pori 1 : 200 000
+)	D	197	Die Downs 1 : 50 000
+)	D	205	Blakeney bis Skegness (The Wash) 1 : 75 000
+)	D	206	Humber-Mündung 1 : 50 000
+)	D	209	Ostsee, Mittlerer Teil 1 : 300 000
x)	D	211	Lister Tief 1 : 50 000
+)	D	226	Firth of Forth 1 : 75 000
x)	D	244	Hoek van Holland bis Den Helder 1 : 150 000
+)	D	250	Die Elbe von Tinsdahl bis Övelgönne 1 : 25 000
+)	D	251	Island und die Färöer 1 :1200 000
+)	D	252	Südwest-Küste von Island 1 : 300 000
+)	D	277	St.Germain bis Cherbourg 1 : 150 000
+)	D	278	Les Héaux de Brehat bis St.Germain 1 : 150 000
+)	D	290	Biafra-Bucht 1 : 750 000
+)	D	299	Ostchinesisches Meer 1 : 2500 000
+)	D	300	Japanisches Meer 1 : 2000000
+)	D	328	Der Sund, Nördlicher Teil 1 : 60 000
+)	D	329	Der Sund, Südlicher Teil 1 : 60 000
x)	D	364	Ansteuerung von Singapore 1 : 30 000
+)	D	376	Irische See 1 : 500 000
+)	D	377	Westküste von Irland 1 : 500 000
+)	D	384	Süd-Atlantischer Ozean 1 : 12000 000
+)	D	392	Sunda-Strasse 1 : 300 000
+)	D	400	Formosa-Straße 1 : 750 000
+)	D	401	Samsa-Bucht bis Yang Tse-Mündung 1 : 750 000
+)	D	421	Riouw-Archipel 1 : 120 000
x)	D	422	Ansteuerung von Djakarta 1 : 60 000
x)	D	425	Banka-Straße 1 : 200 000
+)	D	427	Banka- und Gaspar-Straße 1 : 500 000
+)	D	428	Gaspar-Straße 1 : 200 000
+)	D	429	Karimata-Straße 1 : 500 000
x)	D	430	Häfen an der Südküste von Afrika, nur Pläne
+)	D	441	Newfoundland bis New York 1 : 2 000 000
+)	D	442	Halifax bis Virgin Island 1 : 2 500 000
+)	D	444	Newfoundland, Nördlicher Teil 1 : 600 000
+)	D	445	Newfoundland, Südlicher Teil 1 : 600 000
+)	D	446	St.Lawrence-Golf 1 : 1 000 000
+)	D	447	Südküste von Nova Scotia 1 : 600 000
+)	D	474 x)	Bömmelöy bis Stav-Fjord 1 : 300 000
+)	D	476	Hafen von Oslo 1 : 10 000
+)	D	478	Sund, Südlicher Teil mit Ansteuerung 1 : 100 000
+)	D	485	Cape Coast Castle bis Niger-Mündung 1 : 750 000
+)	D	486	Große Fischbucht bis Walfisch-Bucht 1 : 750 000
+)	D	487	Walfisch-Bucht bis Oranje-Fluß 1 : 750 000

x) Erschienen Anfang 1959

+)	D	523	Kap São Roque bis zum Rio de la Plata 1 : 3 500 000
x)	D	541	Nördliche Adria, Westlicher Teil 1 : 175 000
x)	D	542	Nördliche Adria, Östlicher Teil 1 : 175 000
x)	D	543	Triest, Pola, Rijeka, verschiedene Maßstäbe
+)	D	552	Gelbes Meer, Südlicher Teil 1 : 750 000
+)	D	553	Gelbes Meer, Nördlicher Teil 1 : 750 000
+)	D	592	Kap Lay bis Kap Varella 1 : 750 000
+)	D	593	Golf von Tonkin 1 : 750 000
+)	D	595	Luzon-Straße zwischen Luzon und Formosa 1 : 750 000
+)	D	622	Kap Lopez bis Kap Lombo 1 : 900 000
+)	D	623	Kap Lombo bis Große Fischbucht 1 : 900 000
+)	D	624	Oranje-Fluß bis Kap Agulhas 1 : 750 000
+)	D	649	Rio de la Plata bis Bahia Blanca 1 : 1000 000
+)	D	726	Magellan-Straße bis Golfo Trinidad 1 : 300 000
+)	D	727	Smyth-Kanal von der Magellan-Straße bis Bahia Fortuna 1 : 100 000
+)	D	743	Bahia de Ushuaia 1 : 30 000
+)	D	744	Magellan-Straße, Östlicher Teil 1 : 300 000
+)	D	745	Magellan-Straße, Westlicher Teil 1 : 300 000
+)	D	751	Honö bis Måseskär 1 : 50 000
+)	D	752	Gullmar-Fjord und Fahrwasser nach Uddevalla 1 : 50 000
+)	D	755	Einfahrt nach Fredrikstad 1 : 50 000
+)	D	757	Oslo-Fjord, Nördlicher Teil 1 : 50 000
+)	D	758	Ansteuerung von Oslo 1 : 25 000
+)	D	759	Sandefjord bis Jomfruland 1 : 50 000
+)	D	760	Jomfruland bis Lyngör 1 : 50 000
+)	D	761	Lyngör bis Torungen 1 : 50 000
+)	D	762	Torungen bis Ulvöy 1 : 50 000
+)	D	767	Kvasseim bis Kolnesholmene 1 : 50 000
x)	D	770 N+S	Ryvarden bis Stolmen 1 : 50 000
+)	D	771	Golfo Trinidad bis Golfo de Peñas 1 : 300 000
+)	D	772	Häfen und Ankerplätze zwischen Golfo Trinidad und Golfo de Peñas, Blatt II, verschiedene Maßstäbe
+)	D	773	Englische Enge und Paso del Indio 1: 40 000
+)	D	774	Häfen und Ankerplätze zwischen Golfo Trinidad und Golfo de Peñas, Blatt I, verschiedene Maßstäbe
x)	D	775	Kanäle im Archipiélago de Chonos 1 : 300 000
x)	D	778	Persischer Golf, Nördlicher Teil 1 : 400 000
+)	D	779	Häfen und Ankerplätze im Golfo Corcovado, versch.Maßstäbe
+)	D	780	Häfen und Ankerplätze im Golfo de Ancud, versch.Maßstäbe
+)	D	781	Einfahrt zum Golfo Corcovado 1 : 150 000
+)	D	782	Golfo Corcovado bis Golfo de Ancud 1 : 150 000
+)	D	783	Einfahrt zum Golfo de Ancud 1 : 150 000
+)	D	784	Chacao-Kanal 1 : 60 000
+)	D	786	Corral-Bucht 1 : 20 000
+)	D	787	Arauco-Bucht 1 : 80 000
+)	D	788	Concepcion-Bucht und San Vicente-Bucht 1 : 50 000
+)	D	789 x)	Häfen an der Küste von Chile, Blatt IV, versch.Maßstäbe
+)	D	790	Häfen und Ankerplätze an der Küste von Chile, Blatt I, versch. Maßstäbe
+)	D	791	Häfen und Ankerplätze an der Küste von Chile, Blatt II, versch. Maßstäbe
+)	D	792	Häfen und Ankerplätze an der Küste von Peru, versch. Maßstäbe
+)	D	793	Häfen und Ankerplätze an der Küste von Chile, Blatt III, versch. Maßstäbe
+)	D	794	Punta de Parinas bis Bahia La Cruz 1 : 50 000
+)	D	796	Häfen und Ankerplätze an der Küste von Colombia und Ecuador, verschiedene Maßstäbe
+)	D	797	Einfahrt nach Buenaventura 1 : 50 000
+)	D	811	Nord- und Westküste von Schottland 1 : 500 000
+)	D	837	Kap Bojador bis Kap Blanco 1 : 750 000
+)	D	838	Kap Blanco bis Kap Verde 1 : 750 000
+)	D	839	Rabat bis Cap Cantin 1 : 250 000
+)	D	840	Kap Cantin bis Agadir 1 : 250 000

x) Erschienen Anfang 1959.

+)	D	841	Kanarische Inseln, West-Gruppe 1 : 175 000
+)	D	911	Atkinson Island bis Alexander Island 1 : 10 000
+)	D	912	Galveston Bay und Ansteuerung 1 : 80 000
+)	D	924	Rio Grande do Norte bis Recife 1 : 250 000
+)	D	925	Recife bis Maceió 1 : 250 000
+)	D	934	Espirito Santo-Bucht bis Kap Frio 1 : 300 000
+)	D	935	Kap Frio bis São Sebastião 1 : 300 000
x)	D	937	Ankerplätze von Cabo São Tomé bis Mar Virado-Bucht verschiedene Maßstäbe
+)	D	938	São Sebastião bis zur Paranaguá-Bucht 1 : 300 000
+)	D	940	Paranaguá-Bucht bis Kap St.Martha Grande 1 : 325 000
+)	D	941[x)]	Santa Catharina-Straße 1 : 100 000
+)	D	944	Kap St.Martha Grande bis Barra Tramandahy 1 : 330 000
+)	D	945	Barra Tramandahy bis Rio Grande mit Lagoa dos Patos 1 : 350 000
+)	D	946	Rio Grande bis Kap St.Maria 1 : 350 000
+)	D	949	Mündung des Rio de la Plata 1 : 220 000
+)	D	955	Ansteuerung von Bahia Blanca 1 : 75 000
+)	D	967	Stav-Fjord bis Smölen 1 : 300 000
+)	D	969	Sklinden bis Fleina 1 : 300 000
+)	D	971	Langenes bis Arnöy 1 : 300 000
+)	D	972	Arnöy bis Nordkyn 1 : 300 000
+)	D	973	Tromsöy bis Archangelsk 1 : 1 200 000
+)	D	976[W+M]	Barents-See, Südlicher Teil 1 : 700 000
+)	D	980	Häfen an der Nordküste Spaniens, Pläne
+)	D	988	Kap Verde bis Kap Sierra Leone 1 : 800 000
+)	D	989	Kap Sierra Leone bis Kap Palmas 1 : 800 000
+)	D	990	Kap Palmas bis Cape Coast Castle 1 : 750 000
+)	D	1018	Gironde-Mündung 1 : 50 000
x)	D	1065[x)]	Häfen und Ankerplätze an der Westküste von Vorderindien, Blatt 1, nur Pläne
x)	D	1066	Häfen und Ankerplätze an der Westküste von Vorderindien, Blatt 2, nur Pläne
+)	D	1181[W+O]	Arnöy bis Vannöy 1 : 150 000
x)	D	1193	Färöer und Jan Mayen Pläne
x)	D	1199	Der Jenisseej 1 : 300 000
+)	D	1200	Stolmen bis Bergen 1 : 50 000
+)	D	1201	Bergen bis Holmengrå 1 : 50 000
+)	D	1205	Öksnes bis Buholm 1 : 50 000
x)	D	1313	Botten-See, Pettersonsgrund bis Säppi 1 : 80 000
x)	D	1323	Botten-Wiek, Storgrund bis Ulkokalla 1 : 75 000
x)	D	1327	Botten-Wiek, Raahe bis Iin Röyttä 1 : 80 000
x)	D	1328	Botten-Wiek, Ulkokrunni bis Tornio 1 : 75 000
x)	D	1512	Saronikos Kolpos (Golf von Athen) 1 : 150 000

<u>Deccakarten</u> (deutsche Kette Nr. 9)

x)	D	49	Mündungen der Jade, Weser und Elbe 1: 100 000
x)	D	53[W+O]	Nordansteuerung zum Kanal (2 Blätter) 1 : 300 000
x)	D	61	Die Nordfriesischen Inseln mit Helgoland (1 Blatt) 1 : 100 000
x)	D	87	Die Ostfriesischen Inseln mit Helgoland 1 : 100 000
x)	D	138	Elbmündung 1 : 50 000

b) Bücher, Vorschriften, Mitteilungen

+) in Arbeit   o) = im Druck

<u>Seehandbücher, Neuauflagen:</u> (In Klammern: Jahr der letzten Auflage)

o)	2003	Ostsee-Handbuch, IV.Teil (1944)
o)	2004	Handbuch für Belte und Sund (1943)
o)	2005C	Handbuch für Skagerrak und Kattegat, III.Teil (1943)
+)	2005A	Handbuch für Skagerrak und Kattegat, I. Teil (1943)
+)	2011	Handbuch für Island, die Färöer und Jan Mayen (1934)
+)	2027	Mittelmeer, I.Teil (1935)
+)	2051	Ostküste Südamerikas, I.Teil (1943)
+)	2062	Westküste Afrikas, I.Teil (1937)

x) Erschienen Anfang 1959

2001 Ostsee-Handbuch, I.Teil (1939)
2002 Ostsee-Handbuch, II.Teil (1942)
2031 Mittelmeer, V.Teil (1940)
2034 Rotes Meer und Golf von Aden (1937)
2050 Westindien, III.Teil (1939)

Nachträge zu Seehandbüchern:

+) 2007 Nordsee, südlicher Teil 1953
2008 Nordsee, westlicher Teil 1954
2009 Nordsee, nördlicher Teil 1957
+) 2013 Norwegen, II.Teil 1932
2017 Kanal, I.Teil 1954
2018 Kanal, II.Teil 1956
2019 S-Küste Irlands und Bristol-Kanal 1955
+) 2020 Irischer Kanal, I.Teil 1933
2021 Irischer Kanal, II.Teil 1936
2022 W-Küste Irlands 1934
+) 2030 Mittelmeer, IV.Teil, 1935
2031 Mittelmeer, V.Teil 1940
+) 2034 Rotes Meer und Golf von Aden 1937
2035 Persischer Golf 1942
2047 Nordatlantische Inseln 1934
2049 Westindien, II.Teil 1935
+) 2053 Westküste Amerikas, I.Teil 1937
2054 Westküste Amerikas, II.Teil 1938
+) 2065 Ostküste Vereinigte Staaten von Nordamerika, I.Teil, 1943
+) 2064 Ostküste Vereinigte Staaten von Nordamerika, II.Teil, 1941

Beihefte zu Seehandbüchern:

2010 Winterbetonnung der deutschen Küstengewässer 1959/60
2377 Für Brücke und Kartenhaus

Ozeanhandbücher:

+) 2058 Handbuch des Indischen Ozeans (1937)

Monatskarten:

+) 2422 Monatskarten für den Indischen Ozean (1915)

Verzeichnis der Leuchtfeuer und Signalstellen:

+) 2111 Teil XI (Stiller Ozean, O-Seite)
+) 2112 Teil XII (Europäisches Nordmeer, nördlicher Teil, und Nordpolarmeer)

2100 bis 2110 Neuauflagen 1959

Nautischer Funkdienst:

2150 Nautischer Funkdienst, Band I, Funkverkehr
2151 Nautischer Funkdienst, Band II, Funkortung
2152 Nautischer Funkdienst, Band III, Wetterfunk
} berichtigter Nachdruck

Meereskundliche Beobachtungen und Ergebnisse:

- 2122/11 Nr. 11: Beobachtungen auf den deutschen Feuerschiffen der Nord- und Ostsee im Jahre 1957 sowie Monatsmittelwerte von Temperatur und Salzgehalt des Jahres 1957.
im Druck

Ozeanographie:

Gesammelte Aufsätze 1958 (1959)

c) Periodische Veröffentlichungen

Nachrichten für Seefahrer, 90: 52 Nummern
Nachtrag zum Nautischen Funkdienst 1959, 24 Nummern
Nachtrag zum Sprechfunk für Küstenschiffahrt 1959, 12 Nummern
Erdmagnetisches Jahrbuch des Observatoriums Wingst Nr. 10, 1955/56
Magnetogramme des Observatoriums Wingst 1957
Erdmagnetische Kennziffern 1959
Deutsche Hydrographische Zeitschrift 11: Nr. 6; 12: Nr. 1-6

Amtliche Veröffentlichungen des Instituts

- Ergänzungshefte Reihe B (4°), Nr. 3
Der Seewart 20, Nr. 1-6
Nautisches Jahrbuch 1960
Gezeitentafeln, Bd. I u. II: 1960
Hoch- und Niedrigwasserzeiten (Gezeitenkalender) 1960, nebst Sonderausgaben
Jahresbericht des DHI Nr. 13/1958

II. ARBEITEN AUS DEM BEREICH DES INSTITUTS

1. Vorträge und Vorlesungen

a) Vorträge

(nicht gedruckt - not printed - non imprimés)

K. A n s o r g e: Mit dem VFS "Gauss" in den Gewässern um Island (10-Jahresfeier der Landesgruppe Nordmark des Deutschen Vereins für Vermessungswesen in Hamburg am 17.1.58).

ders.: Die Anwendung des Decca-Verfahrens in der Seevermessung (Institut für Vermessungskunde der Technischen Universität Berlin am 20.5.58).

ders.: Moderne Methoden der Seevermessung (Geodätisches Kolloquium der Technischen Hochschule Hannover am 3.6.58).

W. A u s t e l: Wirkungsprinzip und Aufbau der Gyro-Fluxgate-Fernkompaßanlage (vor den Lehrkräften der Seefahrtschule Bremerhaven)

P. C h r i s t o p h: Messung von Rollwinkeln auf See und Analyse ihrer Registrierungen (Sitzung des Fachausschußes für Schiffssicherheit am 18.11.1958).

G. D i e t r i c h: Ozeanographische Ergebnisse der Verhandlungen der IUGG (International Union for Geodesy and Geophysics) - Tagung in Toronto im September 1957 (Geophysikalisches Kolloquium der Universität Hamburg am 9.1.1958).

ders.: Über die Arbeiten im Internationalen Geophysikalischen Jahr und der deutsche Beitrag. (Bauschule Hamburg am 16.1.1958).

ders.: Probleme der Echolotungen und ihrer Auswertungen auf den deutschen Forschungsfahrten im Internationalen Geophysikalischen Jahr 1958 (Tagung des Ausschußes für Funkortung in Hamburg am 22.1.1958).

ders.: Meeresforschung der Gegenwart - ein deutscher Beitrag zum Internationalen Geophysikalischen Jahr 1958. (Mannheimer Akademie und Südwestfunk am 7.2.1958).

ders.: Neue Ergebnisse zur Geomorphologie des nordatlantischen Tiefseebodens. (Geographisch-Meteorologisches Kolloquium der Freien Universität Berlin am 13.11.1958).

ders.: Die deutschen atlantischen Forschungsfahrten im Internationalen Geophysikalischen Jahr 1958 (Gesellschaft für Erdkunde zu Berlin am 14.11.1958).

H. E r m e l: Das Deutsche Seekartenwerk (Deutsche Gesellschaft für Kartographie Ortsverein Freiburg am 18.3.58, Ortsverein Stuttgart am 19.3.58, Ortsverein Karlsruhe am 20.3.58, Ortsverein Frankfurt am 21.3.58).

ders.: Das Seekartenmaterial in den Gewässern um Island und Grönland (Verband der deutschen Hochseefischereien e.V. in Bremerhaven am 12.8.58).

ders.: See- und Küstenkarten Schleswig-Holsteins (8. Deutscher Kartographentag in Rendsburg am 2.10.58).

H. G a b l e r: Über die Bedeutung und Anwendung der elektromagnetischen Wellen für die Schiffahrt und Nautische Technik (Naturwissenschaftlicher Verein zu Bremen, 27.1.1958).

A. H e u p e l: Das schweizerische Landeskartenwerk und seine Erstellung (Deutscher Verein für Vermessungswesen, Bezirksgruppe Hamburg, am 2.5.58 und Deutsche Gesellschaft für Kartographie Ortsverein Hamburg und Geographische Gesellschaft Hamburg am 3.11.58).

W. H o r n: Some Recent Approaches to Tidal Problems (Gründung des "Centre Belge d'Océanographie et d'Etudes Sousmarines", Lüttich, 24.2.58).

ders.: The Harmonic Analysis of Tidal Phenomena: Theory and Practice (Zweites Internationales Kolloquium der CSAGI-Kommission für das Studium der Erdgezeiten, München 25.7.58).

J. J o s e p h: Neuere Untersuchungen über die Diffusion im Meere. (Geophysikalisches Kolloquium der Universität Hamburg am 30.1.58).

F. N u s s e r: Distribution and character of sea ice in the European Arctic. (Arctic Sea Ice Conference in Easton, Maryland, am 25.2.1958).

G. T o m c z a k: Nachweis einer durch Luftdruckänderungen hervorgerufenen fortschreitenden Welle in der südlichen Nordsee (Deutsche Geophysikalische Gesellschaft, Leipzig, 2.5.58).

Th.S t o c k s: Der Formenschatz des Meeresbodens, seine kartographische und systematische Erfassung (Deutsche Gesellschaft für Kartographie, Landes- bzw. Ortsverein Freiburg, 10.2.58, Berlin, 17.4.58, Hannover, 18.4.58).

ders.: Geographisches und Kartographisches über Island (Deutsche Gesellschaft für Kartographie, Ortsverein Stuttgart, 11.2.58).

ders.: Die Tiefenverhältnisse der umgebenden Seegebiete Schleswig-Holsteins (8. Deutscher Kartographentag Rendsburg, 2.10.58).

b) Vorlesungen

(an der Universität Hamburg)

(nicht gedruckt - not printed - non imprimés)

G. D i e t r i c h: Ozeanographische Instrumente und Methoden (W.S.1957/58)

H.C. F r e i e s l e b e n: Navigation bei Weltraumfahrten (S.S.1958)

ders.: Die Funkortung und ihre Weiterentwicklung (W.S.1958/59)

K. K a l l e: Ozeanographische Instrumente und Methoden (chemischer Teil) (W.S.1957/58)

ders.: Einführung in die Chemie des Meeres (W.S.1958/59)

F. N u s s e r: Island (S.S.1958)

ders.: Grundlagen der physischen Polargeographie (W.S.1958/59)

2. Wissenschaftliche Veröffentlichungen

Abgeschlossene, im Druck befindliche oder 1958 veröffentlichte Arbeiten

W. A u s t e l: Vorkompensieren von Schiffen mit magnetisch stark gestörten Kompaßorten ("Seewart", 19, Heft 6).

G. B ö h n e c k e: Die Arbeiten des Deutschen Hydrographischen Instituts im Jahre 1958. "Hansa", 96, No. 1/3,1959.

P. C h r i s t o p h: Zur Messung der Schlingerperiode von Schiffen im Seegang, "Hansa" 95, (1958), S.1483/84

ders.: Zur Messung der Fahrt über Grund an Bord von Schiffen. DHZ, 11 (1958) S.113-124.

G. D i e t r i c h: The oceanic polar-front in the waters between Greenland and Iceland in August 1956. Ann.Biologiques, 13, 1958.

ders.: Hydrographic conditions in the Dogger-Bank region in September 1956. Ann.Biologiques, 13, 1958.

ders.: Die ozeanographischen Expeditionen im Internationalen Geophysikalischen Jahr 1957/58 und der deutsche Beitrag. Geographisches Taschenbuch 1958/59 Wiesbaden 1958, S.477.

ders.: Die Meereskunde im Internationalen Geophysikalischen Jahr 1957/58 und der deutsche Beitrag. Geographische Rundschau, 10, Heft 10. 1958.

ders.: Probleme der Echolotungen auf den deutschen Forschungsfahrten im Internationalen Geophysikalischen Jahr 1958. Bücherei der Funkortung - im Druck.

ders.: Das Meer. (Großer Herder Atlas. Freiburg 1958).

H. E r m e l: See- und Küstenkarten Schleswig-Holsteins. Kartographische Nachrichten 1958, 8, Heft 5.

H. C. F r e i e s l e b e n: Das Passieren von Schiffen auf Gegenkurs im Radarschirmbild. "Der Seewart" 19, Heft 4, 1958.

H. G a b l e r und M. W ä c h t l e r: Ein neuer Weg zur Ermittlung der Komponenten bei der Funkpeilung kohärenter Wellen. ETZ, 79, 385-388, 1958.

E. G o e d e c k e: Hydrographische Beobachtungen über die regionale Verteilung der mittleren Eisvorbereitungs- und Eisabschmelzzeit in der Deutschen Bucht und der westlichen Ostsee mit Karten. DHZ.11, Heft 1, 1958.

ders.: Über die Höhe und Eintrittszeit der Extreme sowie deren Schwankungen im mittleren Jahresgang von Temperatur, Salzgehalt und Dichte des Wassers in der Deutschen Bucht. DHZ.11, Heft 4, 1958.

ders.: Neue Daten für Ende und Beginn der Winterschiffahrt nach den finnischen Häfen. "Der Seewart" 1959 - im Druck.

ders.: Die Eisverhältnisse in den Belten und im Sund. Handbuch für Belte und Sund 1958.

A. H e u p e l: Ein Beitrag zur Ausgleichung größerer Höhennetze. (Diss. T.H.Aachen, 1958).

W. H o r n: The Harmonic Analysis of Tidal Phenomena: Theory and Practics. (Communications de l'Observatoire Royal de Belgique No.142, Série Géophysique No 47), Brüssel 1958.

J. J a r k e: Sedimente und Mikrofaunen im Bereich der Grenzschwelle zweier ozeanischer Räume, dargestellt an einem Schnitt über den Island-Färöer-Rücken (Nordatlantischer Ozean-Rosengarten-Europäisches Nordmeer). Geologische Rundschau 47, Heft 1.

J. J o s e p h: Extinction measurements to indicate distribution and transport of watermasses. (Proc.of the Unesco Symposium on Physical Oceanography. Tokyo, 1955).

ders.: Die Trübungsverhältnisse in der Irminger See im Juni 1955 und ihre hydrographischen Ursachen. Ber.Dtsch.Wiss.Komm.Meeresforsch.XV, 1958.

ders. und H. S e n d n e r: Über die horizontale Diffusion im Meere. D.H.Z. 11, Heft 2, 1958.

K K a l l e: Ein einfaches Kleinaräometer zur exakten Bestimmung des Salzgehaltes im Meerwasser. D.H.Z. 10, 99-108, 1957.

ders.: Was leistet die lebende Zelle? "Die Umschau" 58, 386-370, 1958.

ders.: Das Meerwasser als Mineralstoffquelle der Pflanzen. (In: W.Ruhland. Handbuch der Pflanzenphysiologie, Band IV. Die mineralische Ernährung der Pflanze. S.170-178. Berlin, Göttingen, Heidelberg 1958).

Arbeiten aus dem Bereich des Instituts

G. K o o p m a n n: Hydrographic Conditions in the German Bight 1957 Ann.Biologiques, 14, 1958.

ders.: Hydrographic Conditions in the Skagerrak and Northern North Sea in January/February 1957. Ann.Biologiques, 14, 1958.

ders.: German Observations of the Hydrographic Conditions in the Western Baltic in 1957. Ann.Biologiques, 14, 1958.

G. N i k e l o w s k i: Deviationsänderungen durch Blitzschlag auf dem Lotsendampfer "Simon von Utrecht". "Seewart", 19, Heft 6.

F. N u s s e r: Zusammenhang zwischen Großwetterlage und Eisvorkommen an den deutschen Küsten. D.H.Z. 11, 1958.

ders.: Formen des Meereises und ihre Definition. (Geographisches Taschenbuch 1958/59) Wiesbaden 1958.S.503.

Th. S t o c k s: Echolote als Hilfsmittel zur Schiffsstandortbestimmung. "Die Kommandobrücke", Hamburg 1958, Nr. 5.

ders.: Untermeerische Bodenformen (Geographisches Taschenbuch 1958/59, Kapitel: Begriffe und Erläuterungen), Wiesbaden 1958, S.509.

ders.: (und Mitarbeiter u.a. F.Nusser, J.Jarke) Weltatlas der Büchergilde Gutenberg, 4. Aufl., Frankfurt.

G. T o m c z a k: Nachweis einer fortschreitenden Welle in der südlichen Nordsee. D.H.Z. 11, 1958.

3. Kleine Aufsätze und Mitteilungen in der Fachpresse

H. B u r m e s t e r: Ladungsverteilung und Längsfestigkeit ("Hansa" 95, Nr. 4/1958).

H. C. F r e i e s l e b e n: Interplanetare Navigation. ("Der Seewart" 19, Heft 3, 1958).

ders.: Eröffnung der Abteilung Seeschiffahrt des Deutschen Museums in München ("Die Hansa" 95, Nr. 23/24, 1958).

A. G a m p e r t: Neuauflage des Westindien-Handbuchs, I.Teil. ("Der Seewart" 19, Heft 3, Juni 1958).

A. H o p s: Der Steckkompaß ("Der Seewart", 19, Heft 1, 1958).

ders.: Über den seemännischen Aberglauben ("Die Wasserschutzpolizei" 10, Folge 6, Juni 1958).

ders.: Etwas über den seemännischen Aberglauben (Sendung im Norddeutschen Rundfunk am 2.10.1958 "Für die Schiffahrt").

ders.: Die Seemannssprache (Sendung im Norddeutschen Rundfunk am 20.Nov.1958 "Für die Schiffahrt").

ders.: Etwas über den seemännischen Sprachschatz ("Die Wasserschutzpolizei", 10, Folge 12, Dezember 1958).

P. R u n g e: Auch ein Kampf um Kap Hoorn ("Die Seekiste", Heft 6, Juni 1958).

H. S c h u m a n n: Neues Meldesystem für Handelsschiffe auf dem westlichen Nordatlantik ("Hansa" 95, Nr. 40/41, 1958).

M. Z a b e l: Wesen und Entwicklung der Seekarten. ("Der Seewart" 19, Heft 4, 1958).

ders.: Radarreichweite und Wetter. ("Der Seewart" 19, Heft 5, 1958).

ders.: Strandung der Bark "Obotrita". ("Der Seewart" 19, Heft 6, 1958).

D. SUMMARY

GENERAL DEVELOPMENT OF THE GERMAN HYDROGRAPHIC INSTITUTE DURING 1958

Towards the end of the year under review the fourth section of the new building, housing the Federal Authorities of Transport, could be completed. So the aim was reached to unite the various branches of the German Hydrographic Institute under one roof, and the development of the G.H.I. regarding premises has thus come to a certain termination. It is hoped that at a time not too far ahead also the still lacking new workshop with the ship's equipment store and the berths for the survey-ships will be completed, and that the installation of a laboratory for the supervision of the sea waters in respect of the contamination by radioactive substances and other industrial waste-products will be granted.

Furthermore it may be remarked with satisfaction that thanks to the strong efforts of all participants the programmes for the International Geophysical Year, in which the G.H.I. took part in the astronomical determination of longitudes and latitudes as well as in the fields of geomagnetism and oceanography, could be successfully carried out. The task of evaluating the observations will be solved with the support of the "Deutsche Forschungsgemeinschaft" in the near future. It deserves to be emphasized that the oceanographic work, considering the present small number of scientists in this field, could only be mastered by a close cooperation of all bodies concerned, as for instance "Biologische Anstalt Helgoland", "Deutsche Wissenschaftliche Kommission für Meeresforschung", "Deutsches Hydrographisches Institut", "Institut für Fischereibiologie der Universität Hamburg", "Institut für Meeresforschung" at Bremerhaven, and "Institut für Meereskunde der Universität Kiel".

The renewal of the Sailing Direction Work could be continued as per plan with the issue of 3 Pilots as new editions. In 1958 the "Nordsee-Handbuch, östlicher Teil" (North Sea Pilot, eastern part) appeared with an addendum "Radar-Küstenansichten" (Radar Coastal Views); furthermore the "Westindien-Handbuch, I.Teil" (West Indian Pilot, Part I), and the "Handbuch der Nord- und Westküste Spaniens und der Küste Portugals" (North and West Coast of Spain and Coast of Portugal Pilot). The printing of three other sailing directions was started. Seventeen sailing directions were brought up-to-date by supplements and two by amendments. The booklets "Betonnung der deutschen Küstengewässer" (Buoyage in German coastal waters) and "Winterbetonnung der deutschen Küstengewässer" (Winter Buoyage in German coastal waters) appeared as supplements to the sailing directions. Work in connection with the publication of the "Monatskarten für den Indischen Ozean" (Monthly Pilot Charts for the Indian Ocean) and the appertaining Pilot for this Ocean was continued.

General Development of the G.H.I. during 1958

The number of copies printed of the "Nachrichten für Seefahrer" (German Notices to Mariners) increased to 3.250. As regular enclosures, or in case of need, they contained: "Deckblätter zum Leuchtfeuerverzeichnis" (blocks showing amendments to the German List of Lights); the "blue" lists showing the corrections in German charts; general directions and single instructions for sailing on the searched fairways ("Zwangswege" - official routes); a list of these official routes and the booklet "Minengefährdete Gebiete" (dangerous areas) with 10 two-coloured general maps.

The eleven parts of the "Leuchtfeuerverzeichnis" (Lfv) (German List of Lights) - I-IIIA, IIIB-X) - could be replaced by new editions after one year's run. Part XI (Pacific Ocean, east side) went to the press; Part XII (Norwegian Sea, northern part, and North Polar Sea) is being prepared. At the request of shipping the 1959 edition of Part II ("Gewässer zwischen Nord- und Ostsee" - Baltic Entrances) will include information on the lights of the Göta Älf and of Lake Väner.

In the "Nautischer Funkdienst" (N.F.) (German List of Radio Signals) the regulations concerning the position rapporting system newly introduced for the western North Atlantic and for the Indian Ocean were included. This new rapporting system aims at a centrally controlled safety action in case of distress at sea. The chapter: communication between aircraft and ships, was extended, too. The R/T Service for coastwise shipping contains now also information on Decca und Radar.

By using different new kinds of techniques in the production of Charts, which save both time and costs, the programme of renewal and extension mentioned in the Annual Report of the preceding year, could not only be kept in 1958 but even surpassed in part.

For the Baltic area two new charts covering the south and west coasts of Sweden appeared; in addition the coastal charts covering the north side of the Finnish Gulf were issued with extensive corrections. The special charts for the Belt Sea were renewed and some of them could be published already. The complete revision of the special charts covering the German Bight was commenced in 1958, whereby some of the charts underwent also a change as regards their extension. In this case, too, some of the revised charts could be published already. By the issue of new coastal charts for the southern North Sea, this area reaching from Scheveningen southward and to the west up to and including the English coast, could be completely covered uniformly by overlapping charts at a scale of 1:150 000. The publication, planned already for 1957, of further Decca charts for the North Sea - partly with the Decca grid of the English Chain - was accomplished with the issue of six new Decca charts.

The fishermen were supplied with a new fishery chart No. 256 FC "Gewässer zwischen Island und Grönland" (Waters between Iceland and Greenland) at a scale of 1 : 1 000 000. This chart which is based essentially on German surveys shows contour lines spaced a hundred metres apart. It contains moreover the interpolation grid of the Consol radio beacon Bushmills and other information important for fishermen. The publication of the coastal charts of the Gulf of Mexico, of the Caribbean Sea, of the West-Indies, of the east coast of the U.S.A. and of the east coast of Brazil, all of which had been lacking so far, could be completed in the year under review.

The coastal charts covering the west coast of Central and South America appeared, with the exception of a few, which will be issued shortly. From the Indonesian area as far as the South Chinese Sea now all general charts and coastal charts are available.

The technical division of the Chart Establishment is save for a few minor improvements still to be made, well content with the new accommodations. The sale of charts kept at about the same level of the preceding year.

The survey craft worked again preponderantly in home waters in the North Sea. The following survey tasks planned for 1958 could be completed: The sea area between Westerems and Hubertgat; the area of Juister- and Memmert-Balje with Nordland and Koper-Sand; the sea area and tidal flats around the isles of Spiekeroog and Wangerooge and the Harle; the area of Falsches Tief, Neufahrwasser and Gross-Putengat; the sea area and tidal flats of the Meldorf Bight and of the inner and outer Eider with the Wesselburener Loch; the sea area and tidal flats of Lister Tief, Lister Ley, Pander Tief and Wester Ley including the fixing of the mean high water line of List-Ellenbogen; the still outstanding tasks from last year's programme, namely surveys off Helgoland, and in the Baltic the area of the Hohwacht Bight as far as Fehmarn Sund. Owing to the advanced season the surveys off Juist, in the sea area and tidal flats of Scharhörn-Riff, Norder-, Wester- and Oster-Till and in the Norder- and Süderpiep could not be finished. In addition, soundings were taken at special request in parts of the Wangerooger Fahrwasser and of the Altes Schmaltief. Within the compass of the International Geophysical Year survey the research ship "Gauss" carried out two extensive cruises in the North Atlantic Ocean on behalf of the "Polar Front Surveys"-programme. She made three further trips in the North Sea and in the Baltic during which geophysical and radio-technical investigations, type-testings and out-tests of nautico-technical instruments were made. 13 new wreck positions could be ascertained in the near coastal regions of the North Sea and in the Baltic as well as on official routes; 44 known wrecks were re-checked, and 13 positions, on which wrecks were suspected, were searched.

In the field of geophysics oceanographic and geomagnetic work during the International Geophysical Year stood, as mentioned already, in the foreground. During two cruises, each covering about 7 000 miles, an oceanographical and biological research in the Central North Atlantic Ocean was carried out. In the North Sea, geomagnetic, gravimetric and seismic investigations were undertaken in cooperation with the "Bundesanstalt für Bodenforschung" within the compass of a plan agreed upon between the Ministry of Transport and the Ministry of Economy. Moreover, as a joint action with the "Marschenbauamt Husum" paddle-wheel current meters were laid out at 20 stations in the area between the isles of Sylt, Föhr and Amrum. The processing of these observations as well as those made on German light-vessels was commenced. Oceanographic, geomagnetic and geological contributions were supplied for nautical publications and for charts (southern Baltic, Baltic Entrances, Skagerrak and Kattegat, Indian Ocean). Preparations in connection with the establishment of a service for the supervision of radio-active substances in the sea-water, with which the G.H.I. has been entrusted, are in the initial stage.

The Tide-Tables were again extended; Volume II of the year 1959 contains once again for the first time predictions for the eastern part of the Indian Ocean and for Australia. Thus this volume gives information now on the tides of the whole Atlantic and Indian Ocean. A repeated request has therewith been met. But to go beyond the present extent, the monetary means and the personnel available do not permit.

The new methods for analyzing and predicting the Tides developed during the last decennium at the G.H.I. gradually begin to attract attention with following imitation also abroad.

It will be the aim of international discussions in 1959 and 1960 to limit, and standardize, the great number of systems of radio aids to navigation and to aviation. Specialists of the "Ausschuss für Funkortung" and of the "Nachrichtentechnische Gesellschaft" have elaborated a detailed comparison of the different methods. A permanent representative of the G.H.I. had an active part in this work.

The Time Service of the G.H.I. stood under the burden of the international survey of longitudes and latitudes during the I.G.Y., when for 18 months a 24-hour service was carried out. Although this was primarily a matter of scientific concern, it should not be left unmentioned that of many coasts the longitudes and latitudes are not known, at least not with the accuracy necessary for nautical purposes.

Astronomical determinations of the time were carried out with the new photographic zenit telescope and with a 90 mm transit instrument, given on loan by the Hamburger Sternwarte, because the 70 mm transit instrument of the G.H.I. wanted general repair. The results obtained by the zenit telescope yielded in addition to the time also the variable latitude due to the variations of the pole.

Precision time signals are transmitted by the G.H.I. - after additional transmitters were included - now daily 24 times in summer and 26 times in winter.

The number of ship's chronometers tested rose again in the year under review. Shipping greatly availed itself again of the possibility of hiring ship's chronometers.

In the field of nautical engineering it is to be recorded that in April 1958 type-testings in navigational respect were commenced of radio position fixing equipments aboard as prescribed by the Regulations concerning the safety of ships navigated by radio aids. So far round 450 radio direction finders and radar sets on more than 300 ships have undergone this test.

The determination of minimum distances from the magnetic ship's compasses of instruments, serving navigation on radio aids, found to an increasing extent the interest of the instrument-makers, whereby single firms had repeatedly measurements done in order to eliminate, by alterations of their instruments, as far as possible any disturbances on the magnetic compass. Based on extensive measurements in the laboratory of the compensating effect of Flinders bars of various diameters and up to 1,20 m in length, the data serving for an invariant adjustment with respect to latitude could be augmented for extreme cases as they could be observed of late in new ships.

After the "Verordnung über Positionslaternen" (Regulations on Position-lights) had become effective on 1 August 1958, the G.H.I. has issued the new "Zulassungsbedingungen für Positionslaternen" (Regulations concerning the admittance of position-lights).

Especially for use in "Gauss" during the I.G.Y. cruises a new type of deep-sea echo sounding machine was bought. The means for this purchase came in part from a special fund. The recorder works with a sonic frequency of 12 Kc/s which is generated by a valve generator. Special attention was dedicated to the check on the constant speed of the driving motor which in the first instance is responsible for the accuracy of the stylus; the accuracy could be improved by more than one order of magnitude. The echo sounding machine has worked well.

The public services of the G.H.I. such as the Navigational Warning Service, the Storm-Surge Warning Service as well as the Ice Service were continued in the usual way.

The G.H.I. was represented at the Fifth Meeting of the Special Committee for the International Geophysical Year (CSAGI) in Moscow as well as at the meetings of the International Advisory Committee on Marine Sciences (IACOMS), of the Special Committee on Oceanic Research (SCOR), and at that of the International Council for the Exploration of the Sea (ICES) in Copenhagen.

Arbeiten aus dem Bereich des Instituts

In the year under review a total of 8 numbers appeared of the Deutsche Hydrographische Zeitschrift, 3 numbers of which belong to the 10th annual set (1957). The 10th annual set closes with a 10-year index.

The library receives at present 1529 periodicals comprising a total of 25 489 single numbers per year from 86 different countries of which after Germany the United States of America range in the first place.

In 1958 the exchange of publications was handled in a more strict manner with the aim of intensification; the number of exchange partners has, therefore, not changed very much, but as a consequence the volume of exchange in both directions has risen again.

The "Ausschuss des Seeverkehrsbeirat für die Angelegenheiten des Deutschen Hydrographischen Instituts" (Committee on the Sea Transport Advisory Council for the Affairs of the D.H.I.) held its 15th meeting on 11 March 1958. As the most outstanding results two resolutions are to be mentioned which have been passed on to, and approved by, the "Seeverkehrsbeirat". The resolutions concern first, the re-institution of a medal to bestowed upon deserved voluntary cooperators; secondly, the danger of contamination of the sea-water if nuclear-powered ships collide. The "Ausschuss" furthermore carried a motion which will reduce the correction work in charts.

Cooperation with the Bundes-Marine (Federal Navy) proved harmonic again also in the year under review.

Information about the active cooperation of the G.H.I. in international meetings can be found on page 10. It may be mentioned at this place that of late increased importance is attributed by international organizations to the comparatively young and in parts neglected marine science. The problem of radioactive waste disposal in the sea, the change of our climate as well as the resources of albumen from the sea for human nutrition - to mention only some of the questions - call for an intensified furtherance of marine sciences. For this reason the International Council of Scientific Unions (ICSU) has founded a Special Committee on Oceanic Research (SCOR), and the UNESCO has established the International Advisory Committee on Marine Sciences (IACOMS). In both Committees the G.H.I. takes either an active or a consultant part.

Details can be seen from the preceding chapters.

Bei Fragen zur Produktsicherheit wenden Sie sich bitte an:
If you have any questions regarding product safety,
please contact:

Walter de Gruyter GmbH
Genthiner Straße 13
10785 Berlin
productsafety@degruyterbrill.com